Illustrierte Fahrrad-Geschichte

Materialien Band 1

Museum für Verkehr und Technik, Berlin

Jutta Franke

Illustrierte
Fahrrad-Geschichte

Mit Beiträgen von

Maria Borgmann
Klaus Budzinski
Helmut Lindner
Otto Lührs
Christian Wegner

Nicolaische Verlagsbuchhandlung Berlin

© 1987 Museum für Verkehr und Technik Berlin
Nicolaische Verlagsbuchhandlung Beuermann GmbH, Berlin
Alle Rechte vorbehalten
Gestaltung: Werner Kattner und Uwe Friedrich
Lektorat: Maria Borgmann
Satz: Media trend GmbH, Berlin
Offsetlithos: O.R.T. Kirchner + Graser, Berlin
Druck: H. Heenemann GmbH & Co, Berlin
Einband: Lüderitz & Bauer GmbH, Berlin
Printed in Germany
ISBN: 3-87584-220-0

Inhalt

Vorwort

Das Fahrrad stand, fuhr am Beginn des industriellen Straßenverkehrs. Auch das heute die Straßen beherrschende Auto verdankt sich dem Fahrrad. Der Vater der Benzinkutschen, Carl Benz, beschloß nicht, ein Auto zu erfinden, sondern ein Mehrspurfahrrad aus der Velocipedfabrik zu kaufen und zu motorisieren. Daß dann das Auto durch Jahrzehnte seinen rationalen Ursprung in dem leichten, funktionalen Fahrzeug vergaß und den energiefressenden Umweg über die prestigereiche Kutsche als schwerer Wagen fuhr, bis es in unseren Tagen sich wieder um die leichte Bauweise bemüht, das ist das Problem des Autos, nicht des Fahrrades, das übrigens, rechnet man alle Stunden zusammen, die man für das Auto und in ihm arbeitet und diese dann auf die gefahrenen Kilometer verrechnet, kaum oder gar nicht langsamer ist als sein motorisierter Nachfahre.

Das Fahrrad stand und fuhr auch am Beginn des Museums für Verkehr und Technik: Als das Museum 1980 noch in Geburtswehen lag und erst ein Ein-Mann-Betrieb war, da beschloß ein passionierter Fahrradsammler, sich mit Leben und Lebenswerk dem Berliner Technikmuseum zu verschreiben.

Als die deutschen Radfahrer und Radfahrvereine ihre Vehikel wegwarfen, um sich zu motorisieren, da rettete der Düsseldorfer Fahrradhändler Gerd Volke, was sonst in Müll und Schrott gelandet wäre. Sein „Velociped-Archiv" entwickelte sich zur größten Sammlung von Lauf-, Hoch- und Niederrädern Deutschlands, wenn nicht weltweit. Doch bevor er sie nach Berlin übertrug, um mit den Rädern seinen Lebensabend beim Aufbau des neuen Museums zu verbringen, ereilte den Unermüdlichen der Tod.

Die Stiftung Deutsche Klassenlotterie Berlin erfüllte den testamentarischen Wunsch des Verstorbenen, seine Sammlung nicht zu zerstreuen, sondern nach Möglichkeit Berlin zu erhalten. So galten die erste große Erwerbung und die erste Ausstellung des Museums dem Fahrrad – damals noch mangels eigenem Raum in der Staatlichen Kunsthalle Berlin.

Sechs Jahre später sieht eine junge Volontärin des Museums ihre Aufgabe darin, diese Bestände in den Depots zu erfassen, zu ordnen und – wenigstens in repräsentativer Auswahl – dem Publikum vorzuführen – und selbst dabei zu einer Fachfrau zu werden, deren Anerkennung mehr als 150 Presseartikel aussprechen. Diese profunde Arbeit und das öffentliche Echo darauf veranlassen das Museum, die Ausstellung auf Wanderschaft zu schicken und die Volontärin zu ermuntern, „ihre" Fahrradgeschichte nicht für sich zu behalten, sondern als den ersten Band der Reihe „Materialien aus dem Museum für Verkehr und Technik" zu veröffentlichen.

So ergänzt dieser Band als erste Gesamtdarstellung der Fahrradgeschichte seit Jahren das Buch, das Gerd Volke vor einem Jahrzehnt veröffentlichte (Rauck/Volke/Paturi, Mit dem Rad durch zwei Jahrhunderte, Aarau 1978), und es ermöglicht dem Leser Vergleich und Urteil, wie weit der Schüler den Meister erreichte, ergänzte und gleichwertig weiterführte.

Die Autorin und das Museum widmen seinem Gedenken dieses Buch.

Prof. Günther Gottmann

Einleitung

Die Geschichte des Fahrrades läßt sich immer wieder neu schreiben, denn immer noch gibt es Dokumente aus der Vergangenheit, die Neues zum Thema Fahrrad enthalten. Eine Fülle von Geschichtsmaterial, das bisher nicht erschöpfend aufgearbeitet wurde, konnte auch in diesem Materialienband nur in wenigen Bereichen aufbereitet werden.

Die reichhaltigen Quellen, aus denen für dieses Buch geschöpft wurde, sind: die regelmäßige Berichterstattung in der „Illustrirten Zeitung" aus Leipzig in der zweiten Hälfte des 19.Jahrhunderts, die vielen Radfahrer-Zeitschriften der Jahrhundertwende, die ausführlichen Fahrradbücher in der letzten Dekade des vorigen Jahrhunderts, die in Wort und Bild minutiös dokumentierte Glanzzeit des Radsports bis zum Zweiten Weltkrieg, die seit ihren Anfängen sich immer wieder in ihren Katalogen selbst darstellende Fahrradindustrie, die Bemühungen der Nationalsozialisten um den Radverkehr und die Wiederentdeckung und Propagierung des Fahrradfahrens durch die Umweltschutzinitiativen in den siebziger und achtziger Jahren.

Die Geschichte der technischen Entwicklung des Fahrrades ist dabei kurz erzählt. Kein anderes Verkehrsmittel läßt sich in seiner Funktionsweise so einfach begreifen. Das Fahrrad zählt zum technischen Alltagsgut und stellt seinen Besitzer selten vor unlösbare Aufgaben bei der Benutzung, der Reparatur oder dem Selbstbau. Das Fahrrad kann sich dem Menschen nicht – wie in vielen anderen technischen Bereichen schon geschehen – entfremden. Seit hundert Jahren ist es in fast unveränderter Form ein ständiger, aber unauffälliger Begleiter auf dem Weg zur Arbeit, zur Schule oder ins Grüne. Die Technik des Fahrrades fasziniert heute nur noch selten den Betrachter oder den Benutzer. Es interessieren stattdessen die Geschichten mit dem und um das Rad.

Die „Illustrierte Fahrradgeschichte" und die dazugehörende Ausstellung „Räder, Vélos, Cycles" konnten nur entstehen, weil sie von sehr vielen unterstützt wurden.

Mein Dank gilt besonders:
Dr.Maria Borgmann,
Lektorat, Berlin
Werner Kattner,
Grafik und Layout, Berlin
Ruth Keller,
Restaurierung, Berlin
Clemens Kirchner,
Fotos, Berlin
Heidrun Klein,
Fotos BPK, Berlin
Egmar Ruppert,
Quellenforschung, Hildesheim
Monika Sawade,
Fotos, Berlin
Rainer Volke,
Velociped-Archiv, Düsseldorf
Christian Wegner,
Konzept, Berlin
Thomas Wugk,
Restaurierung, Berlin.
Auch bei den vielen hier unerwähnt gebliebenen Mitwirkenden bedanke ich mich vielmals.

Jutta Franke

Die Entwicklungsgeschichte des Fahrrades

Die Menschen hatten über Jahrhunderte hinweg den Wunsch nach einem selbstangetriebenen Fahrzeug, um ohne Hilfe von Pferden oder anderen Tieren voranzukommen. Das Fahrrad ist eins der ersten Verkehrsmittel, das ohne fremde Kraft nur durch den Fahrenden bewegt wird. Einen Erfinder des Fahrrades gibt es allerdings nicht. Es ist eine europäische Gemeinschaftserfindung, an der nacheinander Karl Freiherr von Drais (1785-1851) aus Baden, Pierre Michaux (1813-1883) aus Frankreich und James Starley (1830-1881) aus England gearbeitet haben, damit es noch im 19.Jahrhundert zum Verkehrsmittel für alle werden konnte.

Freiherr von Drais – der Kammerherrenorden schmückt seine Brust – ließ sich von Carl Schwab aus Schwetzingen malen, bevor er 1821 für sechs Jahre nach Brasilien auswanderte; Ölgemälde.

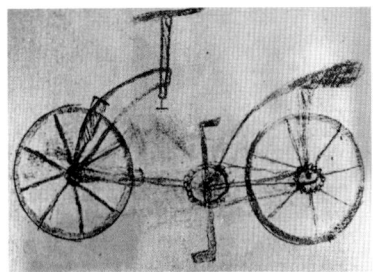

Eine erst nach 1960 in Leonardo da Vincis Nachlaß entdeckte Zeichnung eines wohl hölzernen Niederrades mit Kettenübersetzung um 1500; ihre Echtheit ist umstritten, aber wahrscheinlich.

Die Fahrräder dieser drei „Väter" hatten noch einige Urahnen: die ersten vor 5.000 Jahren abgebildeten Räder in der sumerischen Hauptstadt Ur, eine Fahrrad-Skizze aus der Werkstatt Leonardo da Vincis (1452-1519) um das Jahr 1500, die ersten durch Menschenkraft fortbewegten Fahrzeuge aus dem 17.Jahrhundert von dem Zirkelschmied Johann Hautsch (1595-1670) und dem Uhrmacher Stephan Farfler aus Nürnberg sowie der Reisewagen des Engländers John Vevers aus dem 18.Jahrhundert.

1816 führte der Forstmeister Freiherr Karl Friedrich Drais von Sauerbronn sein Laufrad in Mannheim vor. Er war der erste, der ein einspuriges, lenkbares Fahrzeug mit zwei hintereinanderlaufenden Rädern konstruiert hat. Zum Gespött seiner Landsleute fuhr er es auch selbst. Die Idee dazu hatte Drais, nachdem er mit seinem 1813 vorgeführten – zweispurigen – selbstfahrenden Wagen auf den damals von den Pferdewagen zerfurchten Straßen nur schlecht voran kam. Auf seiner Laufmaschine dagegen, die noch fast ganz aus Holz gebaut war, kam er – sich

Dem Erfindergenie Drais blieb der Erfolg sein Leben lang versagt; er starb einsam und verbittert.

Die erste Drais'sche Laufmaschine von 1817 hatte noch keinen verstellbaren Sitz und keine Bremse; Kupferstich von J.C.S. Bauer.

mit den Füßen abstoßend – viermal schneller vorwärts als damals die Postkutsche. Unermüdlich pries er die Vorteile seiner Erfindung an und suchte Käufer oder Lizenznehmer. Aber in Deutschland hielt man nichts von dem Zweirad, seine Werbekampagne verschaffte ihm mehr Feinde als Freunde. Seine ärgsten Widersacher waren die Pferdehändler, da Drais immer wieder darauf verwies, wie man dank seiner Laufmaschine ohne die teuren Tiere schneller als zu Fuß vorwärts komme. Da ihm hierzulande keine Anerkennung zuteil wurde, reiste er nach Österreich, Frankreich und England und machte dort sein neues Verkehrsmittel mit mehr Erfolg bekannt.

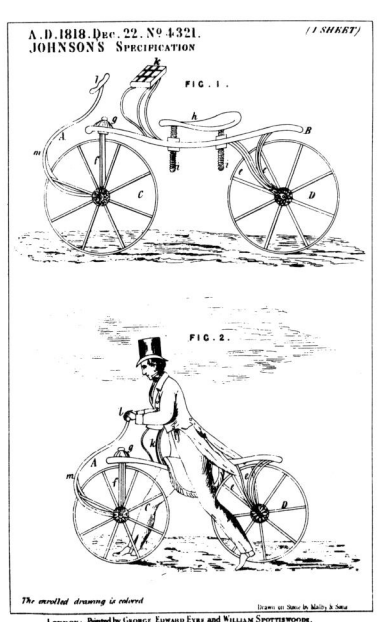

A.D.1818.Dec.22.№4321.
JOHNSONS Specification
(1 SHEET)
FIG.1.
FIG.2.
The enrolled drawing is colored
LONDON: Printed by George Edward Eyre and William Spottiswoode. Printers to the Queen's most Excellent Majesty 1857.

Die Patentzeichnung von Denis Johnsons Hobby Horse aus dem Jahre 1818 zeigt ein zierliches Zweirad.

Der Forstmeister und spätere Professor der Mechanik Drais zählte zu den Universalgenies des vorigen Jahrhunderts. Er entwickelte außer dem Laufrad eine Schreibmaschine, ein Periskop, einen Dampfkochtopf, ein duales Zahlensystem und eine per Tretkurbel angetriebene „Eisenbahn-Draisine" (Rauck S.714ff). Es bleibt ein Rätsel, warum Drais die ihm bekannte Tretkurbel nicht auch beim Zweirad verwen-

Ein Draisinenrennen auf den zerfurchten Straßen des frühen 19.Jahrhunderts.

dete. So blieb seine Laufmaschine eine badische Kuriosität. Drais blieb der Erfolg seiner Erfindungen versagt, er wurde wunderlich, starb entehrt und verarmt. Erst in der Blütezeit des Fahrradfahrens erinnerte man sich wieder an Drais und errichtete ihm 1893 in Karlsruhe ein Denkmal.

Der Verbreitung des Laufradfahrens in Deutschland stand das preußische Turnverbot von 1820, das bis 1848 alle Freiluftsportarten untersagte, im Wege. Die wenigen Laufmaschinen, die es gab, verschwanden in Turnhallen oder auf Dachböden.

In England hatte der Kutschenbauer Denis Johnson die Idee des Fahrens auf zwei Rädern aufgegriffen und ab 1819 ein leichtes Laufradmodell als Hobby Horse gebaut, das sich gut verkaufen ließ. Dessen Verwendung beschränkte sich aber

sine als Schienenfahrzeug ohne Motor zur Kontrolle der Gleisanlagen bekannt. Obwohl Drais nicht der Erfinder dieses Fahrzeugs war, gab man ihm seinen Namen, weil er zu der Zeit der bekannteste Verfechter des selbstfahrenden Prinzips war. An den Draisinen entspann sich der Streit, ob das fuß- oder handbetriebene Fahrzeug sinnvoller sei. Drais schrieb in mehreren Aufsätzen, daß die Kraft in den Beinen des Menschen stärker sei als in den Armen und nach seiner Überzeugung dem Fußbetrieb die Zukunft gehöre.

Einzelne Laufmaschinen nach

Ernest Michaux mit dem Tretkurbelrad, das 1867 zur Pariser Weltausstellung vorgeführt wurde.

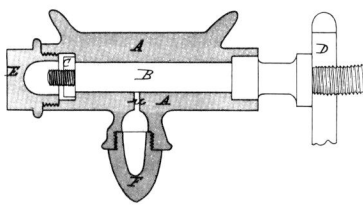

Die Patentzeichnung 1868 vom Michaux-Pedal aus Bronze läßt eher auf einen Ingenieur denn einen Kutschenbauer schließen.

auf den Freizeitspaß der Aristokratie, die damit durch die englischen Gärten fuhr. Es war eine Modeerscheinung, die bald wieder verschwand. Die Bedeutung des Zweirades als Verkehrsmittel wurde nicht erkannt.

In den folgenden Jahrzehnten stand die Fahrradentwicklung still. Ab 1830 wurde die Eisenbahn das neue Verkehrsmittel. 1835 hatte sie ihre Jungfernfahrt in Deutschland. Diese mit Dampfkraft arbeitende Maschine, die nur auf neuen Wegen, den Schienen fahren konnte, revolutionierte das Verkehrswesen und überholte schnell die bis dahin so wichtige Postkutsche.

Gleichzeitig wurde die Drai-

Patenten von Drais oder Marke Eigenbau blieben in Gebrauch. Eine davon kam um 1860 in die Werkstatt des Pariser Kutschenbauers Pierre Michaux. Zusammen mit seinem Sohn Ernest (1842-1882) und seinem Mechaniker Pierre Lallement verbesserte er das schwer zu fahrende Zweirad durch Tretkurbeln an der Vorderradnabe. Seitdem wurde gefahren statt gelaufen. Der Fahrer verlor den Bodenkontakt mit den Füßen und mußte sich ganz auf die Balance konzentrieren, denn das Michaux-Rad war zwar technisch ausgereifter, aber vom Material her sehr schwer und nicht leicht zu fahren. Trotzdem war das

Als diese Aufnahme 1916 entstand, galten beide Fahrradtypen bereits als Veteranen.

Tretkurbelrad ein Erfolg, die Pariser Jeunesse dorée vergnügte sich damit in den Champs Elysées, und Michaux konnte mit seiner Fabrikation den Bedarf kaum decken. 1867 stellte es Michaux auf der Pariser Weltausstellung vor – auch die neuen Motoren von Lenoir, Hugon und Otto wurden hier erstmals präsentiert – und wurde damit weit über die Grenzen Frankreichs hinaus bekannt.

Ein zweiter Erfinder des Tretkurbelrades war der Instrumentenbauer Philipp Moritz Fischer aus Schweinfurt. Er versah seine Laufmaschine ebenfalls mit einer Tretkurbel am Vorderrad. Die Schweinfurter behaupten, Fischer habe das vor Michaux bereits in den fünfziger Jahren getan. Beweise gibt es dafür nicht, so daß der genaue Zeitpunkt seiner Erfindung umstritten ist.

Das französische Velociped wurde auch in Deutschland bekannt, gebaut und gefahren. In Hamburg-Altona und Magdeburg wurden die ersten Velociped-Vereine gegründet. Die im Gegensatz zur Laufmaschine fast stürmische Verbreitung wurde durch den Deutsch-Französischen Krieg 1870/71 abrupt beendet.

Von den Engländern und Amerikanern erhielten die Michaulinen den Spitznamen „Boneshaker", also „Knochenschüttler". Die damals eisenbereiften Räder nahmen jede Unebenheit des Weges auf und gaben sie an den auf einer Blattfeder sitzenden Fahrer weiter, der wippend das Vorderrad gleichzeitig lenkte und antrieb. Die neu aufkommende Kautschuk-Industrie bot Hilfe: Gummireifen, zuerst aus Vollgummi, später dann mit einer Luftröhre als Luftkissenreifen.

James Starley aus Coventry, der bereits die Nähmaschine weiterentwickelt hatte, wollte ebenfalls in die Velocipedproduktion einsteigen, fand die Michaulinen allerdings verbesserungswürdig. In England, der führenden Industrienation, konnte sich Starley die Fertigungstechniken der Stahlindustrie für seinen Fahrradbau zunutze machen. Stahlrohr, Stahlfelgen und Stahldrahtspeichen kennzeichnen das neue englische Bicycle. Dieses

Stahlrad mit seinen schmalen Vollgummi-Reifen sah sehr elegant aus. Durch die neue leichtere und zugleich stabilere Bauart konnte das Vorderrad größer werden, denn noch war der zurückgelegte Weg gleich dem Umfang des Felgenkranzes. So geriet das Vorderrad zu einem monströsen Treibrad und das Hinterrad zu einem winzigen Stützrad. Die Größe des Hochrades war abhängig von der Beinlänge des Fahrers, denn der Sitz und der Schwerpunkt lagen fast senkrecht über der Vorderachse. Das kleinste Hindernis konnte zu einem Kopfsturz führen, und das

Der stolze Bicycle-Besitzer zeigt uns, wie

radproduktion in den siebziger und achtziger Jahren führten mehrere Erfindungen zur technischen Vervollkommnung des Zweirades. Die tangential angeordneten und auf Zug beanspruchten Speichen lösten die direkten, radial angeordneten und auf Druck belasteten Dickendspeichen ab. Die nahtlos gezogenen Stahlröhren, hergestellt nach dem 1886 patentierten Mannesmann-Verfahren, lösten das gewalzte und geschweißte Stahlrohr ab. Die Kugellager an allen sich bewegenden Teilen lösten die Reibungsverluste verursachenden Gleit- und Rollenlager ab. Die Gliederkette wurde erstmals verwendet und ersetzte ab

James Starley aus Coventry – Vater der englischen Fahrradindustrie – hat das Michaux-Rad zum Stahlrad verbessert.

Auf- und Absteigen erforderte bei diesen Maschinen eine gewisse Gewandtheit. So blieb das Hochrad den jungen sportlichen Männern vorbehalten. Es war mit 20 bis 25 Stundenkilometern doppelt so schnell wie die vorangegangenen Laufmaschinen oder Tretkurbelräder.

Für die älteren Herren und die Damen wurden Drei- oder Mehrspurräder hergestellt, die zwar sicherer, dafür aber auch langsamer und schwerer zu fahren waren. Die aufwendigen Gesellschafts- oder Mehrspurräder hatten als erste Kettenübertragung und Differentiale.

Während der Zeit der Hoch-

John Boyd Dunlop gab der Fahrradentwicklung Auftrieb mit seiner Erfindung des Luftreifens im Jahre 1888.

man ohne „Fallsucht" ein Hochrad besteigt.

1885 den direkten Antrieb ebenso wie den Hebelantrieb. Und – vielleicht am wichtigsten – der von dem irischen Tierarzt John Boyd Dunlop 1888 erfundene Pneumatic löste den harten Vollgummireifen ab. Kettenantrieb und Luftreifen allerdings finden wir nur bei den späten, den zuletzt gebauten Hochrädern.

So kurios das Hochrad auch war: Es hat die technische Entwicklung des Zweirades enorm vorangetrieben und es in kürzester Zeit populär gemacht. Trotzdem war das stolze Hochrad ein unpraktisches Gefährt. Sobald ein brauchbares Niederrad hergestellt wurde, war es zum Alteisen degradiert. Man fuhr es noch bis Mitte der neunziger Jahre, dann war der anfängliche Wettbewerb zwischen den Hoch- und Niederradfahrern entschieden. Die Ära des Hochrades währte nur zwei Jahrzehnte, während die des Niederrades wohl nie enden wird. Und auch das Dreirad oder Tricycle benutzten nur noch die Ängstlichen.

Auf dem in kurzer Zeit zurückgelegten Weg vom Tretkurbelrad übers Hochrad zum Niederrad lagen noch andere richtungsweisende Fahrraderfindungen: das per Hebel auf das Hinterrad angetriebene Fahrrad des Schotten MacMillan von 1839 und das des Stuttgarter Turnlehrers Johann

Friedrich Trefz von 1869, das mit einem Kettenantrieb auf das Hinterrad wirkende Fahrrad des Uhrmachers André Guilmet aus Frankreich von 1869, das erste auf Gummireifen laufende Tangentialspeichenrad des Amerikaners E.A.Cowper, das mit einer Kettenübersetzung am Vorderrad ausgestattete halbhohe Kangaroo-Hochrad von 1877, das Lawson-Bicyclette aus England mit dem Tretkurbel-Kettenantrieb fürs Hinterrad von 1879 und das Star-Bicycle aus Amerika mit großem hebelartig angetriebenen Hinterrad von 1881.

Viele dieser Erfinder waren ihrer Zeit weit voraus und scheiterten mit ihren Erfindungen. Manche technische Neuheit wurde

Das Hochrad war für Weltenbummler ein ideales Reisegefährt.

auch mehrmals erfunden, bis sie endlich im Fahrradbau verwendet wurde.

Die zwei gleich großen Räder, mit denen schon Drais gelaufen war, kamen also in den achtziger Jahren wieder in Mode. Dieses neue Niederrad hatte viele Namen – Rover, Humber, Safety, Sicherheitsrad – und viele Formen: Kreuz-, Trapez-, Drachen- und Diamantrahmen. Wiederum war es James Starley aus Coventry, der 1885 zum ersten Mal ein 30-zölliges Niederrad baute, das er „Diamond", also übersetzt Raute oder Rhombus, nannte. Es ähnelte mit seinem unregelmäßigen Fünfeck-Rahmen, der sich in eine kräfteökonomisch stabile Dreieckskonstruktion auflösen

Die Entwicklung der Freilaufnabe war die letzte bedeutende Erfindung zum Thema Fahrrad; Anzeige von 1918.

Das erste Adler-Niederrad hatte 1886 einen Kreuzrahmen, der sich allerdings nicht bewährte.

läßt, dem heute klassischen Diamantrahmen und bildete die Grundform des Fahrrades.

Siebzig Jahre brauchte das Zweirad, bis es zu dem uns heute bekannten Fahrrad mit folgenden drei Hauptmerkmalen gereift war: zwei gleich große Räder, Sitz zwischen den beiden Rädern und Hinterradantrieb per Kettenübersetzung. Siebzig Jahre brauchten die Konstrukteure, um das Vorderrad nur zum Lenken und das Hinterrad nur zum Antrieb zu benutzen.

Das Niederrad wurde zum Volkssportgerät Nummer eins, zum Reisegefährt und zum Beförderungsmittel. Es machte der Eisenbahn, der Straßenbahn und den Pferdedroschken Konkurrenz.

Nachdem das Fahrrad viele

Jahre gebraucht hatte, um akzeptiert zu werden, wurde es vor der Jahrhundertwende endlich ernstgenommen: So wichtig, wie es heute ist, welches Auto man fährt, wurde vor einem knappen Jahrhundert sehr darauf geachtet, welche Fahrradmarke und welches Modell man fuhr. Die ersten Niederräder mit um zwei Zoll größeren Vorderrädern oder aufsteigendem Oberrohr kamen schnell aus der Mode.

Solange es noch keinen Freilauf gab, hatten die Fahrräder

Neben dem Kettenantrieb existierten von Anfang an auch kettenlose Kardanräder; die selbstbewußte Dame fuhr selbstverständlich ein Herrenrad.

Fußstützen an der Vordergabel zum Bergabfahren. Erst 1898 erfand der Schwabe Ernst Sachs aus Schweinfurt die Freilaufnabe und 1903 die Torpedo-Nabe mit Freilauf und Bremse. Das war die letzte große Erfindung zum Thema Fahrrad. Alle weiteren Entwicklungen auf dem Sektor verfeinerten es nur, ohne es grundsätzlich zu verändern.

Das Fahrrad war Pate bei der Entwicklung des Motorwagens vor hundert Jahren. Dem Zeitgenossen des Niederrades, dem ersten Motorzweirad von Gottlieb Daimler (1834-1900), dem Reitrad von 1885, sieht man das Velociped noch ebenso an wie dem Dreiradwagen aus dem Jahre 1886 von Carl Benz (1844-1929) oder dem Daimler Stahlradwagen von 1889. Carl Benz, der in seiner Jugendzeit als erster in Mannheim ein Michaux-Rad fuhr, ließ sich die Felgen für sein erstes Fahrzeug von Heinrich Kleyer aus Frankfurt fertigen und nannte seine erste Automobilserie „Velo". Die Automobilpioniere übernahmen von den Fahrradbauern den Stahlrohrrahmen, die Kugellager, die gummibereiften Stahlspeichenräder, später auch den Pneuma-

Ideen, das Fahrrad zu motorisieren, gab es viele: hier eine von dem Berliner Ing. Richter mit Raketenantrieb. Mit 90 Stundenkilometern stürzte das Fahrrad, und Richter konnte sich rechtzeitig in den Straßengraben retten.

Die Spiralfeder-Bereifung, hier im Jahre 1898, wurde im Ersten Weltkrieg wieder aufgegriffen.

tic, die Beleuchtung, den Kettenantrieb auf das Hinterrad, die Lenkung sowie das Differentialgetriebe für Dreiräder von James Starley von 1884. Und weil viele dieser maßgeblichen Erfindungen am Fahrrad zuerst erprobt und patentiert worden waren, brauchte die Kraftfahrzeugentwicklung einen sehr viel kürzeren Weg bis zur Produktionsreife als sein zweirädriger Vorgänger.

Bis zum Zweiten Weltkrieg war das Fahrrad das wichtigste individuelle Verkehrsmittel. Sein heute stärkster Konkurrent, das Automobil, war 1923 mit 100.000 Pkw noch das Privileg einer Minderheit. Auf 360 Personen kam zu der Zeit in Deutsch-

Die Versuche, aus dem Fahrrad ein Liege-
oder Sesselrad zu machen, sind älter als
60 Jahre; der Stromlinien-Konstrukteur
Paul Jaray hat als erster dieses Trethebel-
rad erfunden.

land ein Kraftwagen (Faichtinger
S.38). Das Fahrrad dagegen war
bereits zum verkehrstechnischen
Allgemeingut aufgestiegen (Jatzke S.116). In den zwanziger Jahren hatte das Fahrrad eine soziale
Bedeutung, denn durch seine
„Wohlfeilheit" konnte sich jeder
seine Anschaffung leisten. Bereits nach einem Jahr hatte sich
der Fahrradkauf amortisiert,
wenn man die Preise mit den Ta-
rifen der Straßenbahn verglich
(Schacht 1934 S.5). Und so
wurde das Fahrrad bis zu den
dreißiger Jahren schließlich zum
weitestverbreiteten, selbstver-
ständlichsten und primitivsten
Verkehrsmittel – zum ersten
Volksfahrzeug.

In den vierziger Jahren, die

In der NS-Zeit wurde das Radfahren poli-
tisch eingesetzt und ausgenutzt, wie hier
bei der radwandernden Hitler-Jugend
1939.

durch den Krieg gezeichnet waren, tat das Fahrrad seinen un-
entbehrlichen Dienst. Es wurde
im Gegensatz zu den Automobilen nicht für den Kriegsdienst be-
schlagnahmt und konnte noch
gefahren werden, als die öffentlichen Verkehrsmittel bereits
lahmgelegt waren und es kein
Benzin für den Privatverkehr
gab. Das Fahrrad war der treue
Helfer des arg geschundenen Vol-
kes. Mit ihm konnten die Städter
aufs Land hinaus fahren, um sich
mit Lebensmitteln zu versorgen.
Bis in die fünfziger Jahre blieb
das Fahrrad ein notwendiges Verkehrsmittel. Als allerdings die
Volksmotorisierung nach dem
Wiederaufbau in den Wirt-
schaftswunderjahren begann,
wurde das Fahrrad allmählich
verdrängt und galt als nicht mehr
zeitgemäßes Beförderungsmittel.

In den sechziger und siebziger
Jahren fuhren fast nur die Kinder und Jugendlichen sowie die
rüstigen Senioren, die keinen
Führerschein hatten, mit dem
Rad. In diese Zeit fällt auch ein
düsteres Kapitel der Fahrrad-
Entwicklungsgeschichte: das
Klapprad. Es war der verzwei-
felte Versuch einer ganzen Branche, ihr Produkt weiterhin am
Leben zu erhalten. Als autoge-
recht wurde es angepriesen, und
so schaffte es tatsächlich die
lange Durststrecke bis Ende der
siebziger Jahre, als die Umwelt-
freunde die passive Fortbewegung unter der Blechhaube in
Frage stellten und das Fahrrad
wiederentdeckten. Inzwischen
war der Mythos „Auto" durch die
Belastbarkeitsgrenze des Straßenverkehrs „verrußt". Die an-
gerichteten Schäden in der Land-
schaft durch Straßen und Abgase
wurden sichtbar und spürbar.
Die Vor- und Nachteile für die
Gesundheit der von Zivilisations-
krankheiten heimgesuchten
Menschen wurden diskutiert.
Die Zeit- und Lustgewinnrech-
nungen wurden neu überdacht.

Die Ölkrise war der Auslöser gewesen, den Götzen „Auto" von seinem fast heiligen Sockel zu reißen und das Fahrrad als gleich-, wenn nicht sogar höherwertig danebenzustellen. Zehn Jahre nach seiner Rehabilitation erfreut sich das Fahrrad heute wachsender Beliebtheit. Es ist in fast jedem Haushalt vorhanden, wird nur leider seltener benutzt als das Auto.

Heute, nachdem die Entwicklung der Verkehrsmittel mit dem Airbus, dem Intercity und der fast vollständigen Motorisierung der Bevölkerung ihren Höhepunkt erreicht hat, wird das Fahrrad als umweltfreundliches Fortbewegungsmittel geachtet. Es ist mit wenig Platz, geringstem Materialaufwand und einfacher Infrastruktur das bescheidenste, gesündeste und teilweise doch schnellste Verkehrsmittel.

Geliebt und gehaßt, benutzt und vergessen, gepflegt und verrostet lief das Fahrrad durch zwei Jahrhunderte.

Als 1955 die ersten Kleinstautos bezahlbar waren, konnte das Rad an den Nagel gehängt werden.

Das Fahrrad drohte in den 1960er Jahren zusammengeklappt für immer im Kofferraum der automobilisierten Gesellschaft zu verschwinden.

Radsport

Vor dem Radsport gab es für die Massen nur die großen Sportereignisse der Pferderennen und des Ruderns. In den achtziger Jahren gesellte sich der Radsport hinzu. Die ersten Radrennen auf Hochrädern wurden in Deutschland begeistert angenommen. Es waren jedesmal Sensationen, zu denen das Volk in Scharen herbeiströmte. Die Rennen haben das Fahrrad erst populär gemacht. Nach einem Jahrzehnt verschwand das legendäre Hochrad

Der Rennsport war in der Werbung der Fahrradindustrie von Anfang an das Zugpferd. Ohne die ersten spektakulären Rennen hätte das Zweirad nicht so schnell bekannt und beliebt werden können. Bis die allgemeine Bevölkerung erste wacklige Versuche selbst auf dem Rad wagte, wurde die Beherrschung des Radfahrens durch die Sportsmänner bestaunt.

Das Thema Training war auch schon vor hundert Jahren ein besonderes. Wer verriet schon gern

Start zum Hochradrennen auf der Rennbahn an der Brückenallee im Hansaviertel, Berlin um 1885.

wieder von der Bahn. Eine noch kürzere Modeära hatte das Dreiradfahren zur selben Zeit, bis sich schließlich das niedere Zweirad auch als Rennmaschine durchsetzte. Enormen Aufwind bekamen die Sportler mit der Erfindung des Luftreifens von Dunlop. Es wurde noch schneller gefahren. Die Rekorde überschlugen sich.

Das Radfahren als Sport hatte ein besseres Image als das allgemeine Radfahren auf der Straße. Der männlichen Jugend wurde zugebilligt, derart die Kräfte zu messen und den Körper zu härten.

seine Tips, sich fit zu machen und auf besondere Leistungen vorzubereiten? *„Man beginnt das Trainieren, um den Körper innerlich zu reinigen, gewöhnlich mit der Anwendung eines gelinden Abführmittels. Die passendste Zeit des Aufstehens ist im Sommer um sieben Uhr, im Winter etwas später, hierauf wird nach einem kurzen Spaziergang ein Bad genommen, womöglich ein Schwimmbad in einem fließenden Wasser. Nach dem Bade reibt man den Körper mit einem rauhen Handtuch tüchtig ab...“* (Wolf S.220). Diese Empfehlungen könnten auch für andere

Sportler gelten, so allgemeingültig sind sie. Aber einer hat sein Rezept doch verraten: *„Man beginnt im Frühjahr, vier Wochen vorher, ehe man auf die Bahn geht, mit Straßenfahren. Man fahre möglichst täglich, oder wenigstens einen Tag um den anderen und zwar vorerst nur kleine Touren, etwa 20 km, ab und zu kann man auch einmal eine größere unternehmen, 80 bis 100 km, in mäßigem Tempo. Dadurch bin ich so an letzteres gewöhnt, daß ich auf der Rennbahn ca. acht Tage lang 15 bis 20 km täglich ebenfalls in ruhigem Tempo zurücklege, den Kilometer etwa in 1,40 bis 1,50 Minuten. Innerhalb der nächsten 14 Tage muß dann die Strecke immer kürzer, das Tempo aber immer schneller werden... In den letzten acht Tagen beginne ich schon sehr stark zu fahren und suche 2 km in der möglichst schnellsten Zeit zurückzulegen; um dann den ‚Spurt‘ auch nach und nach zu üben, ist es nötig auf einer Strecke von 4 bis 500 Metern allmählich immer schneller und schneller zu treten, sodaß man die letzten Meter so schnell fahren kann, als man nur in der Lage ist.“* (Fressel 1896 S.187)

Verfolgungsjagd auf Brennabor-Fahrrädern.

Übrigens gab es für den Hausgebrauch auch schon die Trainiermaschine oder das Velotrab. Für das Dauerfahren, besonders für das Sechs-Tage-Rennen, verriet Walter Rütt einmal, daß das Trainieren der Nacken-, Arm- und Handgelenksmuskeln am wichtigsten ist. Aber auch die Beinmuskeln dürfen wohl nicht vernachlässigt werden.

Vom wahren Rennfieber erfaßt waren die Franzosen seit der Erfindung des Tretkurbelfahrrades durch Michaux. Die Radrennen

Lorenz und Saldow, die besten deutschen Radfahrer der Vorkriegszeit, um 1914.

Die Meisterfahrer von Deutschland 1886 (v.l.n.r.): F. Emberg, Dreirad; J. Pundt, Hochrad; E. Engelmann, Kunstfahren.

wurden denn auch in Frankreich gestartet, das erste 1865 in Amiens, das zweite 1868 in Paris. Auch in England als Mutterland des Sports begeisterten die neuen Rennen. Hier wetteiferten die Fahrer und die Industrie darum, wer schneller fahren konnte oder wer schnellere Räder herstellte.

Aus Deutschland ist das erste Velociped-Rennen von 1869 in Altona bekannt, übrigens schon mit internationaler Beteiligung. 1873 folgte ein Rennen in München, wo 1880 auch die erste Rennbahn Deutschlands eingeweiht wurde, während in Berlin das erste Rennen im August 1881

noch ohne Bahn auf den Wegen der Parkanlagen der „Flora" stattfinden mußte. Veranstalter war der Erste Berliner Bicycle-Klub. Gefahren wurde auf Hochrädern. Der Sieger fuhr die 8045 Meter in 20 Minuten und 40 Sekunden.

Bis 1886 gab es nur Hoch- und Dreiräder als Rennmaschinen, dann gesellte sich das Niederrad dazu, und bis Mitte der neunziger Jahre wurden alle drei Fahrradgattungen nebeneinander benutzt und gewertet. Sie sorgten an den Renntagen für Abwechslung auf der Bahn. Schließlich setzte sich das Niederrad durch, und die Hochräder wurden nur

Berliner Radrennbahnen:

Radrennbahn am Hippodrom,
Zoologischer Garten, 323 Meter,
ohne überhöhte Kurven, ab 1882

Radrennbahn Brückenallee,
Hansaviertel, des „Vereins für Velociped-
Wettfahren in Berlin", Schotter
3.11.1884 – 1890 Europameisterschaften

Radrennbahn in Halensee
Macadam-Belag, 1891 – 1899
Sechs Jahre war diese Bahn die Alleinherr-
scherin im Berliner Radrennsport. Erst ab
1896 bekam sie Konkurrenz durch die vier
Bahnen in Zehlendorf, am Kurfürstendamm
und in Friedenau und Treptow.

Radrennbahn Zehlendorf, Alsenstraße,
333,3 Meter, Zement
Mai 1896 – 1912

Kurfürstendamm-Bahn
16.5.1897 – 1902
1901: Großer Preis von Deutschland

Sportpark Friedenau
500 Meter, Zement, 20.000 Zuschauerplätze
18.5.1897 – 1904
1901: Weltmeisterschaften

Sportpark Treptow, Elsenstr.115,
„Nudeltopp", 312 Meter, Zement
22.3.1903 – 1925, Direktor Wilke

Steglitzer Radrennbahn, Zement
7.9.1905 – 9.10.1910
Hier wurden 1908 die Weltmeisterschaft und
der „Große Preis von Europa" ausgetragen.
Sie war zu ihrer Zeit die über Berlin hinaus
bekannteste Berliner Bahn in Konkurrenz zu
anderen großen Städten.

Sportpark Spandauer Bahn
1907, 1908, 1909
1907: Großer Preis von Deutschland

Rennbahn Botanischer Garten
Pallasstraße, Holz
ab 1909

Olympiabahn am Königsdamm
nahe Beusselstraße, 400 Meter, Holz
1911 – 1936, Besitzer Willy Lücke
1911: Großer Preis von Europa

Rütt-Arena, Züllichauer Straße
Hasenheide, Holz
1926 – 1931 (abgebrannt)

Neue Olympische Radrennbahn
400 Meter, Holz
Schauplatz zur Olympiade 1936

Radrennbahn im Stadion Neukölln
Einweihung Mai 1948

noch zu „Altherrenfahrten" auf die Bahn gebracht.

Die erste Radrennbahn mit überhöhten Kurven entstand 1890 in der ehemaligen Weltausstellungshalle in Paris (Boßhardt S.11). Zur selben Zeit blühte das Bahnwesen auch schon in Deutschland. Fast fünfzig Rennbahnen zwischen 300 und 500 Metern Länge existierten hierzulande (Wolf S.219). Je schneller gefahren wurde, um so höher wurden die Kurven. Bei dem Tempo siegte die Zentrifugalkraft immer mehr über die Schwerkraft. Man brach immer wieder die Rekorde auf der Bahn, und manchmal brach sich auch einer den Hals.

Nach den ersten Bahnerfolgen gingen die Fahrer auf die Straße. Das älteste klassische Straßenrennen der Welt, „Rund um den Genfersee", fand bereits am 5.10.1879 statt (Rauck u.a. S.169). In Deutschland wurde 1885 über die Rennen Leipzig-Dresden und ein Jahr später über Leipzig-Oschatz berichtet. 1889 fand die erste Fernfahrt Berlin-Hamburg mit dem Sieger Johannes Pundt statt. Es folgten die Fernfahrten Bordeaux-Paris 1891 mit 600 Kilometern und Wien-Berlin 1893.

Die 580-Kilometer-Distanz zwischen den Kaiserstädten Wien und Berlin hatte auch den Offizieren für ihren Ritt zu Pferde als

Josef Fischer hinter Tandemführung gegen Reiter Cody 1894.

PROGRAMM
der Radfernfahrt
„RUND UM BERLIN"
am 28. August 1910.

Die Strecke „Rund um Berlin" war 270 km lang.

Wettkampfstrecke gedient. Es war nämlich 1882 die Idee des Militärs, den bis dahin unübertrefflichen Wert des Pferdes angesichts aufkommender Konkurrenz zu beweisen. Doch das Radrennen am 29./30.Juni 1893 wendete das Blatt: Wozu der Reiter Graf Starhemberg aus Österreich ein Jahr zuvor über 71 Stunden gebraucht hatte, durchfuhr der Münchener Rennfahrer Joseph Fischer in nur 31 Stunden. Damit war das Pferd, die geheime Konkurrenz, besiegt. Wohl kaum ein anderes Ereignis hat das Radfahrwesen in Deutschland so enorm gefördert. Die Zweifler und Zögerer waren besiegt. Ab da wurde der Radfahrer mehr geachtet als geächtet. Sein Rang wurde ihm so bald nicht streitig gemacht: Mit dem Automobil konnte die Strecke nicht sehr viel schneller zurückgelegt werden. 1900 schaffte es ein Bollée-Wagen in 26 Stunden (AAZ, 6.5.1900).

Deutschland war das Land der Rad- und der Weltmeister und der großen Kämpfe. Berlin bildete jahrzehntelang die Metropole mit seinen Rennbahnen, die von den Zuschauermassen ge-

24

Start zum Flieger-Rennen am 22. 6. 1013 in Berlin mit W. Rütt, E. Friol, B. Wegener, Ellegard und W. Arend.

sprengt wurden, und seinen turbulenten Sechstagenächten, zu denen die Karten auf dem Schwarzmarkt zu Phantasiepreisen gehandelt wurden.

Schon in den achtziger Jahren wurde in Deutschland der Unterschied zwischen Herrenfahrer und Berufsfahrer gemacht. Es entbrannte ein heftiger Streit in Sportkreisen, ob Amateure oder Berufsfahrer bei den Rennen starten durften, denn wer nicht für Geld fuhr, achtete zur Wahrung seiner eigenen Ehre sehr genau auf die Einhaltung der Amateurbestimmungen. Der Herrenfahrer durfte niemals für Geld fahren und nicht gegen Bezahlung trainieren. Immer wieder wurde aufgedeckt, daß ein angeblicher Herrenfahrer sich auf irgendeine Art doch sponsern ließ. Da der Radsport viel Geld kostete und sehr schnell junge Talente aus weniger gut gestellten Kreisen in das Metier drangen, siegte schließlich das Berufsfahrertum auf der Bahn.

Die Bahnfahrer teilten sich in die Klassen der Steher und Flieger. Der Flieger – heute der Sprinter – muß alleine zeigen, was seine Muskeln aus den zwei Rädern an Geschwindigkeit herausholen können. Er besitzt keinen anderen Motor als den seines Herzens, keine anderen Kolben als seine zwei Beine und keine

Das Programmheft zum Sonntagsausflug.

Der „Nudeltop" in Treptow beim Start zum Prämieneröffnungsrennen 1921.

Willy Arend aus Hannover mit Armbinde der Sportpark-Gesellschaft; Plakat 1897.

Die Berufsfahrer bei der Kontrolle vor dem Start zu „Rund um Berlin" 1911.

Zündung außer seinem sportlichen Feuereifer. Der Steher dagegen läßt sich im Windschatten führen: anfangs, als es noch keine Motorräder gab, von Zwei-, Drei-, Vier- oder gar Fünfsitzern, später von 1-bis-2-PS-starken Motortandems, auf denen der Vorderste strampelte und der andere die Maschine chauffierte. Sie boten ein technisch-sportliches Schauspiel auf der Zementbühne aus einem Zusammenwirken von maschineller und menschlicher Energie, von Motorkraft und Körperkraft.

Die Motoren wurden immer stärker und konnten dem Radler hinter sich allein den Wind aus dem Gesicht nehmen. „*Aber die Motoren sind Ungeheuer geworden. Sie werden immer schneller. Machen nicht mehr bei 60 und nicht bei 70 und nicht bei 80 Kilometer in der Stunde Halt. Bis an die Neunzig sind sie schon geraten.*" (Arndt S.68) Und die Radsportler hechelten „asthmatisch", die Pedalen tretend, im Benzingestank hinterdrein.

Die Steher hatten den Fliegern den Rang in der Publikumsgunst schnell abgefahren. Sie waren zu Beginn des 20.Jahrhunderts die Helden der Rennbahn: „*So eine wilde Jagd hinter den Motoren schlägt auf die Nerven, reizt die Spannung und läßt die Augen fast ununterbrochen fesselnde Momentbilder sehen.*" (Arndt S.64) Das Volk – egal ob Bürger, Kaufmann, Arbeiter, Adliger oder Handwerker – strömte zu Tausenden auf die Tribünen rings ums Oval aus Zement oder Holz.

Weltmeister Thaddäus Robl als Steher hinter seinem Schrittmacher-Tandem mit Bretschneider und Steger, 1901.

Beim Steher-Rennen 1927 auf der Berliner Rütt-Arena, einer 1031 abgebrannten Holzbahn, führt Dabe vor Schütt und Legner.

Steherrennen sind Dauerfahrten über große Distanzen wie das ab 1890 in Berlin gefahrene „Goldene Rad" mit 100 Kilometern. Dieser klassische Wettbewerb der Dauerfahrer wurde über sechs Jahrzehnte ausgetragen. Das Steherfahren war den Berufsradlern, den Professionals, vorbehalten. Doch ohne die zahlenden Zuschauermassen hätte es diesen Volkssport nicht gegeben, ohne die fetten Einnahmen der Rennbahnbesitzer hätten die Fahrer und ein Heer von Schrittmachern, Trainern, Masseuren, Managern, Mechanikern, Abschiebern und Rundenzählern nicht bezahlt werden können. Das Radrennfieber ist in vielem vergleichbar mit dem später in den Stadien seine Erfolge feiernden Fußballsport.

Das traditionelle und älteste Dauerfahren ist noch heute das Sechstagerennen. Die Idee dazu hatte 1875 ein englischer Bicycle-Fabrikant – als Dauertest für seine Produkte. Ab 1886 wird diese Rennkunst in Amerika gepflegt. Nachdem der Kölner und Wahl-Berliner Walter Rütt schon dreimal daran teilgenommen und mit dem Holländer John Stol

Flieger-Rennen um den Preis von Steglitz am 17. 4. 1910.

Sechstes Sechstagerennen im Januar 1913, Plakat von Leonard.

das 1906er Rennen in New York sogar gewonnen hatte, überlegten die Berliner, diese radsportliche Disziplin ebenfalls einzuführen. Die Ausstellungshallen am Zoo wurden, nachdem dort 1907 die Automobilausstellung geglänzt hatte, zu einer Rennbahnhalle umgebaut. Es war, so berichteten die Zeitungen von damals, das „große Ereignis". Die Vorbereitungen wurden mit Spannung verfolgt.

Das Sechstagerennen bot sich als Überbrücker der fast rennlosen Winterzeit an. Der Saisonsport sollte keinen Winterschlaf halten. Der frühere Direktor des Sportparks Friedenau, Georg Hölscher, gründete zusammen mit Otto Buchwald eine Betriebsgesellschaft dafür. Der Verband Deutscher Radrennbahnen ahnte die große Konkurrenz und versuchte vergeblich, diese amerikanische Modeerscheinung zu verhindern.

Das erste Sechstagerennen in Deutschland und Europa vereinigte 1909 die Weltklasse der damaligen Radsportler und wurde ein Höhepunkt in der Geschichte des Radsports. Unter den 26 Fahrern starteten mehrere Welt- und Europameister sowie die deutschen Altmeister Willy Arend aus Hannover und Thaddäus Robl aus München. Es gewann das amerikanische Team Mac Farland – Moran.

Dieser erste und auch jeder folgende Six-Days-Kampf waren nicht nur rein sportlicher, sondern vor allem auch gesellschaftlicher Art. Es war die Sensation des Berliner Nachtlebens. Die Kaiserin, der Kronprinz, der den Fahrern silberne Zigarettenetuis schenkte, und Fürst von Thurn und Taxis zählten zu den prominentesten der zahlreichen Besucher. Überhaupt waren die Zuschauer das wichtigste: für die Rennbahnleitung, damit sich der finanzielle Einsatz lohnte, und für die Fahrer, damit sie angefeuert wurden. Das dreimalige kurze, energische „He!" war ihr Universalruf. Nur einer wurde mit seinen eigenen Pfiffen weltbekannt: Krücke, der in Wirklichkeit Reinhold Franz Habisch hieß und in seiner Jugend vom Fahrrad gestürzt und von einer

Die Rundenzähler beim ersten Berliner Sechstagerennen 1909.

Fahrer beim Sechstagerennen im Sportpalast, links: Fietz, rechts: Koch, um 1928.

Das dritte Berliner Sechstagerennen im März 1911 fand zum ersten Mal im Sportpalast statt; die Siegermannschaft Rütt-Stol legte 3.406 km zurück.

Straßenbahn überrollt worden war. Deswegen trug er zeitlebens eine Krücke, von der er genausowenig loskam wie vom Radsport. Er war das Maskottchen der langen Nächte an der Potsdamer Straße und mit seiner „Berliner Schnauze" die Stimmungskanone im Publikum. Als 1922 der Walzer „Wiener Praterleben" nach Berlin kam, pfiff Krücke den Refrain vom Heuboden, dort wo die billigsten Plätze waren. Bald pfiff der ganze Palast den noch heute bekannten Sportpalast-Walzer.

Die ersten zwei und das sechste Sechstagerennen fanden in den Hallen am Zoo statt, ansonsten war der Sportpalast in der Potsdamer/Ecke Pallasstraße der Austragungsort. 1924 wurde das Rennen in die Ausstellungshalle am Kaiserdamm verlegt. Auf dieser neuen schnellen Bahn purzelten die Weltrekorde: Nach 144 Stunden hatten die Sieger 4.544,2 Kilometer zurückgelegt. Der Weltrekord ist bis heute ungebrochen, da die sechs Tage nicht mehr ununterbrochen gefahren werden dürfen und kaum 60 Stunden zur Verfügung stehen. Heute werden die endlosen Runden in der Deutschlandhalle gedreht.

Um den Sportpalast wehte die ganz besondere Berliner Luft. Hier war immer was los. Sein Hauptzweck war es eigentlich, Eisbahn zu sein. Sonja Henie wurde hier zur Eisprinzessin gekürt. Aber auch die Diktatoren des Nationalsozialismus benutzten den Saal, um die Volksmassen mit ihren gewaltigen Reden aufzuwiegeln. An dem Ort schrien die Berliner nach dem „totalen Krieg".

Egon Erwin Kisch war einer,

Rennfahrer Knappe bei seiner Körperpflege während des Sechstagerennens 1927.

der sich nicht in den Taumel um dieses Spektakel hat mit hineinziehen lassen. Für ihn war das Sechstagerennen kein Sport. Er sah überhaupt keinen Sinn darin, daß die dreizehn Paare in dem ovalen Rund die vielen Stunden kreisten. Sie legten Strecken zurück, die ausreichten, einmal quer durch Europa zu reisen, ohne irgendetwas anderes gesehen zu haben als die elliptische Tretmühle. Sein scharfes Auge sah, daß nicht die Wettkämpfer sich diese Tortur ausgesucht hatten, sondern die Zuschauer danach verlangten. „Um mehr als die Hälfte der Plätze sind von Besessenen besessen, die vom Start bis zum Finish der Fahrer in der hundertvierundvierzigsten Stunde ausharren ... Es gehört zur Ausnahme, daß ihr Vergnügen vorzeitig unterbrochen

wird ... Am dritten Renntage verkündete nämlich der Sprecher durch das Megaphon...: Herr Wilhelm Hahnke, Schönhauser Straße 139, soll nach Hause kommen, seine Frau ist gestorben!" (Kisch S.172).

Trotzdem war das Sechstage-Fieber in Europa nicht mehr aufzuhalten. Jedesmal, wenn das Oval sich öffnete, ergriff ein Taumel die Szene, dem sich niemand entziehen konnte – egal ob Fahrer oder Zuschauer. Willy Arend, ein alter Hase im Radsport, sagte es nach seinem ersten Sechstagerennen selbst: „Wenn mir jemand vor zehn Jahren erzählt hätte, daß ich einmal eine ganze Woche hindurch Tag und Nacht auf der Rennbahn sein werde, würde ich den Betreffenden für nicht ganz normal gehalten haben." (Budzinski 1909 S.87)

Ein Leben für den Radsport

Der Berliner Radsportjournalist Fredy Budzinski (1879-1970) schrieb die Geschichte des Radsports mit Beginn des 20.Jahrhunderts nieder. Ohne seine Nachlässe könnten wir sie heute nicht so lückenlos nacherzählen. Sein wachsames Auge, seine scharfe Feder und seine unendliche Liebe zum Radsport dokumentieren die Blütezeit des Fahrrades. Nach der Lektüre der Budzinski-Schriften fällt es schwer, das Lebenswerk dieses Mannes auf wenige Seiten zu kürzen. Wir entledigten uns der undankbaren Aufgabe und baten seinen Sohn, Klaus Budzinski, der heute als Schriftsteller in München lebt, um die folgenden Zeilen:

Fredys Radsport-Karriere begann auf der Rennbahn.

Mein Vater Fredy Budzinski

Den ersten Motorflug verfolgte er 1903 in Monte Carlo als Berichterstatter der „Flug-Welt"; den ersten Mondflug verfolgte er 1969, 90jährig, am Fernsehschirm — überzeugt, daß beide Ereignisse ohne die Erfindung des Fahrrades nicht möglich gewesen wären. Fredy Budzinski ließ sich sein Leben lang von „La petite Reine", der kleinen Königin, wie die Franzosen das Fahrrad zärtlich nennen, wie ein ewiger Liebhaber beherrschen — als Amateur im Wortsinn, als Reporter, Chefredakteur großer Radsportzeitungen, Dichter, Erzähler, Sachbuchautor, Organisator und Erfinder.

Fredy Budzinski als Steher hinter seinem Schrittmacher.

Er lernte „Fahrrad" von der Pike auf als Lehrling in der „Berliner Velociped-Fabrik" und als Rennfahrer auf der Radrennbahn Treptow in Berlin, die wegen ihrer gedrängt ovalen Form im Volksmund „Nudeltopp" hieß – er hatte sie so genannt.

1901 erregte er mit einem Gedicht im „Überbrettl"-Stil – „übergeautelt" – die Aufmerksamkeit des Chefredakteurs der „Rad-Welt". Der machte ihn zunächst zum „Hausdichter", 1906 zu seinem Stellvertreter und, als er 1912 starb, wurde Fredy Budzinski sein Nachfolger. Mit einer täglichen (!) Auflage von 100.000 Exemplaren machte „F.B." das Radfahren zum Volkssport und zugleich als Vorsitzender des Deutschen Rennfahrer-Verbandes das Radrennfahren zum Stadienfüller, wie es heute nur noch der Fußball vermag.

1909 holte er die Sechstagerennen aus Amerika nach Europa, führte die inzwischen weltweit gültige Punktewertung ein und wirkte als geschäftsführendes Vorstandsmitglied des „Bundes Deutscher Radfahrer" und Chefredakteur von dessen Verbandsorgan, der „Bundeszeitung" (Deutsche Rad- und Kraftfahrer-Zeitung), vor und hinter den Kulissen, als Delegierter bei internationalen Kongressen wie als heimischer Kämpfer gegen obrigkeitliche Verkehrsbeschränkungen für die Ausbreitung und Popularisierung des Radfahrens. Zum Volksfest in den Straßen Berlins wurde die von ihm ins Leben gerufene „Meisterschaft der Zeitungsfahrer", zu der alljährlich 200 Ausfahrer sämtlicher Zeitungsverlage aus dem Reich nach Berlin kamen.

Ganz nebenbei erfand Budzinski die Rückstrahler an den Pedalen, die erst 1955 für jedes Fahrrad zwingend vorgeschrieben wurden. Das Patent dafür

Der Mann, der für den Radsport gelebt und geschrieben hat: „F.B."

Die Zeitungsfahrer – für die Budzinski die Meisterschaft der Zeitungsfahrer ins Leben rief – verlassen mit der druckfrischen Nachtausgabe das Verlagshaus Scherl in der Kochstraße; Foto von Friedrich Seidenstücker 1934.

machte ihm allerdings ein „alter Kämpfer" streitig – mit Erfolg, denn mein Vater war mit einer Jüdin verheiratet.

1933 aller Ämter und Funktionen entkleidet, hatte er das Glück, von Carl Diem als Pressechef ins Organisationskomitee für die Olympischen Spiele von 1936 in Berlin berufen zu werden. Nach dem Zweiten Weltkrieg half er mit Wort, Schrift und Tat beim Wiederaufbau des deutschen Radsports, von allen Besatzungsmächten gefördert und geachtet und vom Bundespräsidenten mit dem Bundesverdienstkreuz ausgezeichnet. Bis zuletzt aktiv, und sei es nur noch am Heimtrainer, starb mein Vater am 6.Januar 1970 im Alter von 90 Jahren, so wie er es sich gewünscht hatte: auf einen Schlag.

Klaus Budzinski

Das Fahrrad hat Fredy Budzinski – hier im Alter von 75 Jahren – sein Leben lang begleitet.

33

Kunststücke per Rad

Neben den Radrennsportlern, die mit der Zeit um die Wette fuhren, wuchs eine Gruppe von Kunstradfahrern heran, deren Akrobatik auf oder am Rad viel zur Popularität des Bicycles beitrug.

Der erste, der Kunststücke auf dem Fahrrad vorführte, war der weltweit bekannte Sensationsdarsteller Professor Jenkins. Er überquerte im Sommer 1869 die Niagara-Fälle auf einem zwei Zoll starken Seil mit dem Tretkurbelrad in elf Minuten. Er war jedoch nicht der einzige Artist per Rad in luftiger Höhe, auch Blondin

„Abermals zeigte sich der Festraum mit einer glänzenden Menge gefüllt, unter der, außer den Spitzen verschiedener Behörden und einem Theil der Generalität, Notabilitäten der Finanz- und Handelswelt zahlreich vertreten waren." (Illustrirte Zeitung 1873 S.79) Diese Feste wurden als Wohltätigkeitsveranstaltungen organisiert.

Kunstradfahren, der Gipfel in der Beherrschung des Rades, gab es in den Kategorien Einzelfahren, Gruppen- und Kürfahren oder Reigenfahren. Während der Blütezeit des Kunstradfahrens

Der Traum vom Fliegen wurde um 1900 mit dem Fahrrad verwirklicht, Fotografie aus einem Stereoskop.

als „König der Seiltänzer" beherrschte das Velociped auf dem Seil.

Neben diesen todesmutigen Kandidaten gab es dann auch die ersten Velociped-Vereine, die erkannten, daß das Fahrrad sich vorzüglich zum Turnen eignete. Sehr bald war das gesellige Kunstfahren salonfähig und bildete die Hauptattraktion eines jeden Velocipedenfestes. Die Darbietungen waren eine Mischung aus Gesellschaftstänzen, Theater, Reiterspielen, Zirkus und Sport. In Magdeburg zählten solche Feste mit mehreren tausend Besuchern bereits in den siebziger Jahren zu den wichtigen gesellschaftlichen Ereignissen:

im ausgehenden 19.Jahrhundert waren Nick Kaufmann (New York), G. Marschner (Dresden) und A. Gouget (Frankreich) die berühmtesten Einzelfahrer auf

Ein Velociped-Wettrennen im Tuileriengarten zu Paris zugunsten der durch Überschwemmungen in Südfrankreich Geschädigten, 1875; Holzstich nach einer Skizze von P.Kauffmann.

Das Fest des Magdeburger Velocipedenclubs zum Besten der Überschwemmten an der Ostsee, 1873. Holzstich nach einer Zeichnung von W.Ochs jun.

dem Hoch-, dem hohen Ein- und später auch dem Niederrad.

Ein Kampf der Meisterfahrer Kaufmann und Gouget 1894 im Kristallpalast zu Leipzig dauerte vor mehreren tausend Zuschauern vier Stunden. *„Es wurde in der Weise concurriert, daß der Herausforderer Übungen ausführte, die der Gegner nachzumachen hatte und umgekehrt."*

Nicolaus E. Kaufmann in dem vorgeschriebenen enganliegenden Trikot mit Jaquett 1892. Seine Brust war bald zu klein für alle errungenen Medaillen.

(Illustrirte Zeitung 1894 S.255) Kaufmann gewann, nachdem er bereits in London, Paris, Brüssel, Kopenhagen und Wien erfolgreiche Auftritte hatte. Seine Leistungen zu beschreiben, fiel den damaligen Chronisten schwer, da nicht die Frage „was er kann", sondern „was er eigentlich nicht kann" gestellt wurde. Die Zuschauer überraschte *„die außerordentliche Vielseitigkeit dieses bewährten Meisters vom Rade, die seltene Eleganz seiner Bewegungen, selbst bei den schwierigsten Übungen, die geradezu unnachahmliche Flinkigkeit und Sicherheit"* (Radfahr-Chronik 1892 S.543). Nick Kaufmann glänzte viele Jahre auf dem Parkett und trug sicher zu Recht den Titel „Alleinig anerkannter Kunst-Meisterfahrer der Welt".

Auch Gustav Braunbeck (1866-1928), der spätere Zeitschriften-Verleger und Gründer des ASC (Allgemeiner Schnauferl-Club), war ein international bekannter Niederrad-Kunstfahrer. Seine Schnauferl-Freunde erzählen in einem Gedicht aus dem Jahre 1911, wie ihr Gustav nach Berlin fuhr und 1891 die Kunstfahramateur-Meisterschaft gewann:

„...als Berufsfahrer-Koryphäen
War'n Kaufmann und
Marschner damals zu seh'n.
Doch galt den letzt'ren das
Niederrad wenig,
Auf diesem war Gustav der
Meister und König.
Las seinen Namen man wo
auf dem Zettel
Und sah sein Bild mit dem
Sammet-Jackettl,
Nebst schwarzem Trikot und
kräftigen Haxen,
Da hieß es: ,Ah, der ist schön
gewachsen!'
Aus Liebe manch' Mädel
errötete,
Ein Glück ist's, daß keines sich
tötete.
...
Und als die Meisterschaft war
geboren
Für jene, die da zum Niederrad
schworen,
Zog er mit einer Frisur ohne
Tadel
Mit Kraft und mit Mut und mit
einem Radel
Und mit dem Sammet-Jackettl
gar kühn
Zum Kunstfahrturniere nach
Preußisch-Berlin.
Man schrieb achtzehnhun-
dertundeinundneunzig,
als man im Wintergarten ver-
eint sich,
Um zu sehen, wie da der verflixte
Gustav Braunbeck die Gegner
verwichste;
Er zeigte sich über die Maßen
behende
Und brauchte fast nur noch zum
Grüßen die Hände,
Während sie ihm beim Achter-
Fahren
Vorwärts und rückwärts ganz
unnötig waren.
Plötzlich verstummte jedweder
Schwatz,
Er fuhr in der Richtung des
Hinterrads;
Ein solcher ,Krebsgang' mit sol-
chen Maschinen
War bis dahin unmöglich
erschienen.
Mächtiger Beifall in allen Ar-
ten

Durchbrauste den ganzen
Wintergarten.
,Großartig!' hieß es und
,phänomenal!'"

Eine Anzeige aus der Fachzeitschrift „Der Radfahrer" von 1890.

Kaufmann (Figur 1-6) und Gouget (Figur 7-10) im sportlichen Wettstreit im Kristallpalast zu Leipzig 1894.

Hochrad-Kunstfahren auf Berlins erster Radfahrbahn in Halensee, 1886; Holzstich nach einer Zeichnung von E. Hosang.

Als die abenteuerlichen Hochrad-Künstler allmählich verschwunden waren und die Niederrad-Kunstfahrer inzwischen das Parkett beherrschten, gab es um die Jahrhundertwende eine neue atemberaubende Sensation: Schleifenfahrer. Todesmutige Radsportler rasten durch meterhohe gebogene Holzbahnen. Nicht immer landeten sie heil auf dem Rad, sehr oft stürzten sie und wurden unter ihren Rädern „begraben". F.W.Hinz schrieb nieder, wie ihm bei seiner ersten Abfahrt in die offene Todesschleife zumute war: *„Jetzt gab es aber wirklich kein Zurück mehr, meine Füße verließen den festen Boden, ich schwankte bedenklich hin und her, fand mich aber bald zurecht und nun ging es erst langsam, mit jedem Zentimeter aber schneller bergab, bis schließlich die Geschwindigkeit selbst mir, der ich doch als Schrittmacher schon über 80 km in der Stunde gewöhnt war, zu groß wurde und – ich muß es gestehen – meine Gehirntätigkeit teilweise lähmte. Dabei weiß ich jetzt, daß die Schnelligkeit kaum mehr als 50 km in der Stunde beträgt, aber die Hauptursache ihrer lähmenden Wirkung ist die Tatsache, daß sie sich auf die verhältnismäßig kurze Strecke von 12 Metern von der vollkommenen Ruhe bis auf die vorgenannte Kilometerzahl verändert... Ich war die ganze Zeit über beschäftigt, mit meinen Füßen auf die Pedale zu kommen; es wollte mir aber nicht gelingen... Die Fahrt schien mir immer rasender zu werden, und plötzlich, wie um das Unglück vollständig zu machen, wurde es vor meinen Augen stockdunkel: Meine Kappe, die wie schon erwähnt, für mich zu gross war, war durch die schräge Lage meines Körpers über mein Gesicht gefallen. -
In einer tausendstel Sekunde war mir das Gefahrvolle meiner Situation klar, und mich durchrieselte es kalt; mir war, als ob sich tausend giftige Schlangen um meinen Körper ringelten; aber ich gab mich noch nicht auf. Fester noch packte ich die Lenkstange, damit sie sich um keinen Millimeter rücken konnte, immer noch von der grundfalschen Idee eingenommen, daß die offene Schleife ebenso wie die geschlossene, wenn richtig konstruiert, eine teilweis automatische Sache sei, und der Möglichkeit des Sehens beraubt, strengte ich mein Gehör und Gefühl aufs äußerste an, um ungefähr zu wissen, wo ich war. ... Plötzlich gab es einen Ruck, und jedes Geräusch hörte auf; ich flog jetzt durch die Luft immer noch bei vollem Bewußtsein, dann gab es einen furchtbaren Schlag, ich hörte Krachen und Splittern von Brettern und dann wurde ich ohnmächtig."* Der erste Sturz entmutigte ihn keineswegs. Er unternahm noch fünf Versuche, bis einige Knochenbrüche ihn für mehrere Wochen „lahmlegten". Wieder geheilt, probte er noch einen Monat und war schließlich ein „Schleifenfahrer" (Sport-Album der Rad-Welt 1905 S.38f). Ein beliebter Auftrittsort solcher Todeskandidaten war wiederum die Bühne des Berliner Wintergartens.

Eine weniger aufregende Entwicklung nahm der Radsport mit dem erst zu Beginn dieses Jahrhunderts in Mode kommenden Radballspiel. Es war eine Variante des Fußballspiels, nur daß das runde Leder mit dem Rad in Richtung Tor bewegt werden mußte und Bodenkontakt mit den Füßen nicht erlaubt war.

Wenig spektakulär ging es auch in den vielen Vereinen zu, für die das Kunst- oder auch Saalfahren im Winter als Alternative zum Tourenfahren im Sommer diente. Hier kam es auf Gewandtheit, Sicherheit, Eleganz und nur manchmal auch auf kleine Tricks an. Zum Gruppen- oder Kürfahren zählten die mehr equilibristi-

Reigenfahren im Radfahrclub in den zwanziger Jahren.

schen Übungen, bei denen zwei bis vier Sportler ein Fahrrad benutzten, eine Darstellung, die heute als Zirkusnummer bekannt ist. Das Reigenfahren erforderte weniger Akrobatik, aber dafür mehr gewandtes und sicheres Radfahren in Formation. Dem Publikum sollte nicht der Atem stocken, das Reigenfahren war als Augenweide gedacht. Den Damen wurde wegen der „eventuellen Anstößigkeit" nur das Reigenfahren empfohlen (Fressel 1897 S.194).

„Radfahren als Leibesübung" (Frahnert S.22) war die Devise des Arbeiter-Radfahrer-Bundes „Solidarität", dessen Mitglieder sich im Reigen- und Kunstfahren und im Radball- und Radpolospielen übten. Die „Solidarität", der in Offenbach die Frischauf-Fahrradfabrik gehörte, stellte für die 60.000 Kinder und Jugendlichen im Verein 20.000 Saalräder zur freien Verfügung (Frahnert S.43).

Heute ist das Kunstradfahren eine Sportart, die mehr unter Ausschluß der Öffentlichkeit denn vor einem großen Publikum gepflegt wird. Es ist zu einer Domäne der Mädchen geworden, während die Jungen lieber Radball spielen.

Der Neuköllner Arbeiter-Radsportverein „Solidarität" übte sich jeden Donnerstag im Kunstradfahren, 1953.

Begründer der Fahrradfabrikation war der Franzose Pierre Michaux, nachdem er das Drais'-sche Laufrad mit einer Tretkurbel ausgestattet hatte. Die daraus entstandene Michauline erwies sich als brauchbares Vehikel, um auf den für damalige Verhältnisse großartigen Straßen von Paris zu fahren. Der ehemalige Kutschenbauer begann 1861 mit der Produktion von Velocipeden, die er zusammen mit seinem Sohn Ernest und seinem Mechaniker Lallement Stück für Stück verbesserte. Das bis dahin hölzerne Zweirad wurde nun soweit wie möglich aus Eisen geschmiedet. Nur das Vorder- und Hinterrad blieben weitgehend aus Holz. Die Gesellschaft war begeistert, Absatzschwierigkeiten gab es keine.

Im Jahr 1865 baute diese erste Fahrradfabrik schon 400 Michaulinen. Im selben Jahr sorgte das erste Radrennen für die nötige Werbung. Den richtigen Erfolg brachte 1867 die Pariser Weltausstellung, auf der Ernest die epochemachende Erfindung, die inzwischen Serienreife erlangt hatte, vorstellte.

Mit den finanzstarken Gebrüdern Olivier baute Michaux auf einer Fläche von 100.000 Quadratmetern die erste große Fahrradfabrik, in der mit 500 Arbeitern produziert werden konnte. Allerdings schied Michaux mit einer Abfindung von 200.000 Francs bald wieder aus. Seine Karriere als Fabrikant war kurz danach beendet. Ende 1869 zeigte sich Paris ein letztes Mal als Zentrum der Fahrradproduktion mit einer internationalen Velo-Ausstellung. Während des Deutsch-Französischen Krieges 1870/71 ging die französische Fahrradindustrie zugrunde. Pierre Michaux, ohne den die Geschichte der Fahrradindustrie heute nicht denkbar wäre, starb verarmt 1883.

Michaux war nicht der einzige, wohl aber der größte Fahrradfabrikant seiner Zeit. Pierre Lallement, der bei ihm gearbeitet hatte und die Erfindung der Tretkurbel für sich in Anspruch nahm, wanderte wie viele andere damals nach Amerika aus. Er versuchte dort sein Glück als Fahrradproduzent, begründete die amerikanische Fahrradindustrie, scheiterte aber finanziell.

In Deutschland nahmen in den 1860er Jahren nachweisbar zehn Firmen die Velociped-Produktion auf. Ihren Sitz hatten sie in den Zentren des gesellschaftlichen Lebens, den Haupt-, Messe- oder Handelsstädten wie Stuttgart, Frankfurt, Hannover, Braunschweig, Hamburg, Berlin, Leipzig und Dresden. Am bekanntesten aus dieser Produktion ist das Braunschweiger Büssing-Tretkurbelrad. Diese ersten Produktionsstandorte liegen an völlig anderen Orten als die spätere industrielle Fertigung von Zweirädern. Vermutlich haben sich diese ersten Fahrradfabriken dort angesiedelt, wo sie die Käuferschaft erwarteten oder mit ihrer Werbung die damals für Neuheiten stets aufgeschlossenen Bürger vermuteten. Nach dem Deutsch-Französischen Krieg verschwinden fast alle deutschen Hersteller auf dem Fahrradsektor.

Die Geschichte der Fahrradindustrie wird mit der Hochrad-Entwicklung in England weitergeschrieben. James Starley, bekannt als Nähmaschinenbauer, bekam bereits 1868 aus Frankreich eine Michauline geschickt. Das Prinzip gefiel ihm, die Technik nicht, und so entwickelte er ein neues englisches Bicycle, das „Ariel"-Hochrad. Zur selben Zeit gab es in England die erste Absatzkrise der Nähmaschinenindustrie. Starley gründete in Coventry, der Stadt des Uhrmachergewerbes, der Nähmaschinen-

Illustrirte Zeitung, 31. 10. 1868, S. 311

Illustrirte Zeitung, 3. 1. 1869, S. 71

Illustrirte Zeitung, 6. 3. 1869, S. 179

Illustrirte Zeitung, 1. 5. 1869, S. 339

Illustrirte Zeitung, 5. 6. 1869, S. 445

Illustrirte Zeitung, 29. 5. 1869, S. 425

Fabrikherr: „Wieviel Arbeitskraft geht da verloren! Warum setzt man diese Jünglinge nicht hinter die Nähmaschine, wenn sie durchaus – strampeln wollen!?"

und der Textilindustrie die Firma „Coventry Machinists Co". Es war für England der Beginn eines neuen lukrativen Produktionszweiges.

Die Werbung für die Ariel-Hochräder erfolgte wie schon in Frankreich über ein Radrennen. Die Sportfreunde in England waren sofort begeistert, die Produktion konnte beginnen, Absatzschwierigkeiten gab es nicht. Starley hatte gelernt, daß man die Aufmerksamkeit der Massen auf sich lenken mußte, um Erfolg zu haben, und präsentierte 1878 ein Riesenhochrad mit 2,30 Meter Durchmesser. Der Erfolg

Im Londoner Kristallpalast fand die Stanley-Show, die internationale Fahrradmesse 1890 statt.

blieb nicht aus. Die inzwischen zahlreichen anderen Bicycle-Produzenten profitierten von dem Boom. Die Voraussetzungen für die aufblühende Fahrradindustrie in England waren günstig: Die Industrialisierung war in den 1870er Jahren so weit fortgeschritten, daß das Fahrrad problemlos industriell hergestellt werden konnte. Material, Maschinen, Kapital und Arbeiter waren ausreichend vorhanden. Das

Straßenwesen war dank der Industrialisierung gut ausgebaut, und in England gab es durch den Reichtum aus den Industrien und Kolonien genügend Leute, die sich durch den hohen Preis nicht von den Hochrädern abschrecken ließen.

Der Messestand der „Premier Cycles" auf der Stanley-Show zeigt 1890 ein reiches Angebot.

So wie Michaux die Pariser Weltausstellung brauchte, um seine technische Neuheit vorzustellen, benötigten auch die zahlreichen englischen Fabrikanten ein Forum für ihre Ideen und Produkte. Sie organisierten Anfang 1878 in London zum ersten Mal die „Stanley-Show", die zu einem solchen Erfolg wurde, daß sie jährlich stattfand. Es war die erste Fahrradmesse für das noch junge Produkt. Sie avancierte in kurzer Zeit zum marktbestimmenden Faktor.

Die Fahrradentwicklung im 19.Jahrhundert war eng verflochten mit dem übrigen technischen Fortschritt. Die Anfänge der Massenfertigung und ihrer Produkte kreuzten oft den Weg des Fahrades. Energieerzeugung, Stahlproduktion und Werkzeugmaschinenfertigung waren ebenso wichtige Voraussetzungen wie die Erfahrungen aus der Herstellung von Waffen und Nähmaschinen, um eine hochwertige Produktion des Fahrrades zu ermöglichen; gleichzeitig forderte und förderte das Produkt Fahrrad die Entwicklung in vielen anderen Bereichen.

Der gesamte Ablauf der industriellen Revolution ließe sich am Beispiel Fahrrad leicht nachvollziehen: vom ersten Rad, das der einzelne Handwerker noch aus dem allgemein gebräuchlichen Werkstoff Holz in seiner Werkstatt fertigte, bis zur Massenware, die von auch ungelernten Arbeitskräften in fremden Fabriken in Arbeitsteilung aus dem Material Stahl hergestellt wurde.

Nach Deutschland, von wo aus die Zweiradgeschichte einst mit Drais ihren Lauf genommen hatte, kam das Fahrrad in den achtziger Jahren aus England zurück. Die Industrie hierzulande hatte den Anschluß an die Wirtschaft des Britischen Königreichs noch nicht ganz geschafft. Eine eigene industrielle Fahrradproduktion lag noch in weiter Ferne. Dafür erkannten die Engländer die Chancen eines lohnenden Exportmarktes und schickten ihre Bicycles gleich den anderen Industrieprodukten wie früher

In Deutschland wurden über ein Jahrzehnt lang fast nur englische Fahrräder verkauft.

Dampfmaschinen oder Eisenbahnen über den Kanal an hiesige Händler; oder sie entsandten eigene Vertreter zum Aufbau einer Filiale wie den Radsportler T.H.S.Walker von der Firma Howe aus Glasgow nach Berlin. Generalvertretungen englischer Fahrradfabriken schossen wie Pilze aus dem Boden. Viele von ihnen verschwanden auch schnell wieder, da der deutsche Absatzmarkt anfangs nicht sehr groß war. Die Skepsis gegenüber dem unpraktischen Hochrad war größer als der Sportgeist oder das

Rennfieber. Die Verbreitung erfolgte hierzulande etwas langsamer als in Frankreich, Amerika oder England (Wolf S.27).

„Durch die Begründung des deutschen Zollvereins, die Einführung der Gewerbefreiheit, die Schaffung eines Eisenbahnnetzes und deren Rückwirkung auf die gesamte Montan- und Eisenindustrie, die Aufhebung der Schiffahrtszölle, die Beseitigung der politischen Spaltung, die Schaffung einheitlicher Währung u.a.m. hatte Deutschlands industrielle Entwicklung kräftige Impulse erhalten. Aber noch schien unser Land für eine Luxusindustrie nicht genügend reif zu sein, noch hatte die deutsche Metallindustrie ihre Tätigkeit fast ausschließlich auf die Fabrikation der notwendigen Wirtschaftsartikel gerichtet. Erst als Deutschland, unterstützt durch die unter der Parole: ‚Schutz der nationalen Arbeit' von Fürst Bismarck inaugurierte Wirtschaftspolitik zu Ende der 70er Jahre des vorigen Jahrhunderts in die zweite Periode industrieller Hochkonjunktur eintritt, Deutschland und seine Bevölkerung technisch und wirtschaftlich immer mehr das Gepräge des fortgeschrittenen und wohlhabenden Industriestaates annehmen, da scheint auch der deutsche Boden geebnet für die junge Fahrradindustrie." Endlich! mag man ausrufen nach dem Lesen dieser Zeilen in einer Festschrift zum 25jährigen Jubiläum der Frankfurter Adler-Werke von 1905 (Lang S. 8).

Langsam bürgerte sich das Hochrad in Deutschland ein, und in den achtziger Jahren entstand eine Fahrradfabrik nach der anderen. Es gab sowohl Firmenneugründungen als auch den neuen Produktionszweig Fahrradbau in alten Fabriken. Der Frankfurter Fahrradhändler Heinrich Kleyer gab 1881 das erste Hochrad in Auftrag, die Gebrüder Reichstein in Branden-

Carl, Wilhelm, Heinrich, Fritz und Ludwig Opel sorgten für ihre Werbung, indem sie selbst an Rennen teilnahmen.

burg und die Express-Werke in Neumarkt bauten zur selben Zeit die ersten eigenen Treträder. 1886 stiegen die Nähmaschinenfabriken Dürkopp in Bielefeld, Opel in Rüsselsheim und Seidel & Naumann in Dresden in die Fahrradproduktion ein. Überhaupt war die Nähmaschinenindustrie wie kein anderer Industriezweig dazu in der Lage, denn *„in ihnen fand sich ein an die sorgfältigste Arbeit gewöhnter Stamm von Arbeitern vor; in ihnen waren alle Maschinen in reichlichster Weise vorhanden ... und durch Neuanschaffung von Sondermaschinen waren diese Fabriken sehr bald im stande, die Anfertigung von Fahrrädern in derselben soliden und gleichmäßigen Weise zu betreiben, wie dies bei ihren Nähmaschinen der Fall ist"* (Wolf S.32).

Die zahlreichen Siege im Radsport von Heinrich Opel waren die beste Werbung, 1892.

Die neuen Zentren der Fahrradfabrikation lagen nicht mehr wie vor 1870 in den wichtigen Großstädten, sondern in den Industriestädten Bielefeld, Nürnberg und Chemnitz. Die Rohteile- sowie Fahrradteile-Industrien siedelten sich in Westfalen an.

Eine erste Statistik über die Fahrradindustrie gibt es aus dem Jahre 1887: In 64 Betrieben produzierten 1.150 Arbeiter etwa 7.000 Räder. Die meisten Firmen waren klein und ließen von nur wenigen Arbeitern vorgefertigte Teile montieren. Lediglich sieben Firmen beschäftigten mehr als 40 Arbeiter (Seyfert S.40). Die ersten Kataloge der deutschen Industrie boten die eigenen Räder für durchschnittlich 300 Mark an. Die Gewinne aus dem Fahrradbau waren beachtlich, so daß die meist neuen Unternehmen kräftig investieren konnten.

Die Deutschen traten in Konkurrenz zu England und versuchten nun schnellstens aufzuholen. Die deutsche Produktion konnte jedoch die englischen Einfuhren nicht stoppen, da die Absatzchancen immer besser wurden. Die Konkurrenz zeigte sich jedes Jahr wieder auf der Stanley-Show in London im Kristallpalast. Als deutsches Gegenstück fand bereits 1889 die I. Große Allgemeine Fahrradausstellung im Leipziger Kristallpalast statt. Sie gab dem Fahrradhandel einen solchen Auftrieb, daß Anfang der neunziger Jahre viel mehr Fahrräder hätten abgesetzt werden können als produziert wurden.

Im Jahre 1896 herrschte Hochkonjunktur, es wurden bereits 200.000 Fahrräder gebaut, was die Entwicklung bis dahin vollständig in den Schatten stellte. Für den Boom gab es fünf Gründe: 1. Die Engländer konnten nicht mehr exportieren, da die Nachfrage im eigenen Land zu groß war; 2. das Fahrverbot für Zweiräder in den Großstädten Berlin und Leipzig wurde aufgehoben, und auch die Frauen wandten sich vermehrt dem Radfahren zu; 3. das gute Wetter; 4. die günstige Konjunktur hatte die Einkommensverhältnisse der Käuferschichten gebessert; 5. die Preise waren etwas gefallen, da inzwischen billiger produziert werden konnte. Ein Fahrrad kostete nur noch 200 bis 300 Mark.

Die Folge dieser guten Wirtschaftslage war ein Gründungstaumel, in dem 40 neue Fabriken die Fahrradproduktion aufnahmen und die bestehenden ihre Kapazitäten erweiterten. Die Branche begann das Jahr 1897 mit verdoppelter Produktion. Schon im Spätsommer stockte der Absatz, und als 1898 das Wetter im Frühjahr nicht besser wurde, gab es die erste große Krise in der Fahrradbranche, die

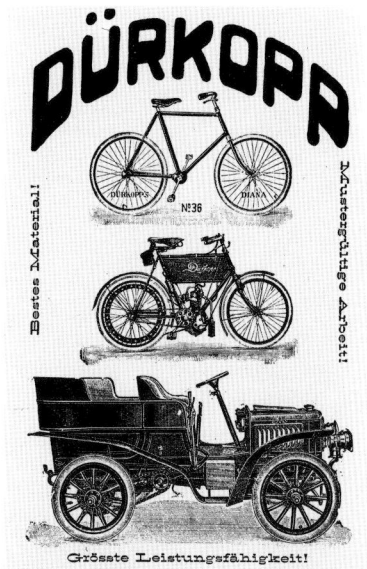

Die Produktpalette einer typischen Fahrzeugfirma um die Jahrhundertwende.

bis dahin als gesicherter Wirtschaftszweig galt. Während die Fabriken und Händler prall gefüllte Lager hatten, überschwemmte eine neue Konkurrenz aus Übersee den Markt: Die Kaufhäuser boten amerikanische Räder unter hundert Mark an. Die Lage in der deutschen Fahrradindustrie war verheerend. Nur Firmen mit genügend Rücklagen oder mit einem gesicherten zweiten Standbein konnten überleben. Viele deutsche Firmen mußten Konkurs anmelden oder etwas anderes produzieren. Die Konkursbestände überschwemm-

Nähmaschinen und Fahrräder wurden von derselben Firma hergestellt und in einem Laden nebeneinander verkauft; um 1905.

ten schon bald ebenfalls den Markt, da sie zu Schleuderpreisen abgesetzt wurden. Das Fahrradgeschäft begann sich erst ab 1902 wieder zu normalisieren.

Die so geschrumpfte Branche sah nun völlig anders aus: Die Produktvielfalt war zu Ende, die erste Standardisierung von Modellen und auch Einzelteilen war vollzogen, automatische Revolverdrehbänke aus Amerika hatten die alten Universaldrehbänke ersetzt und konnten von billiger arbeitenden Frauen bedient werden, neue Produkte wie Schreibmaschinen, Autos und Motorräder wurden neben den Fahrrädern hergestellt. Das Fahrradangebot teilte sich auf in Markenräder aus den alten Firmen und billigere Spezialräder aus jungen Firmen, die die Krise überlebt hatten. Für die Markenräder mußte über den Sport und die Werbung Imagepflege betrieben werden, die anderen verkauften sich auch ohne ganz gut.

Der Absatzmarkt bot allen genügend Platz, nur die Gewinne waren nicht mehr so groß. Das „Schleudern" war eine beliebte Methode der Händler, die Ware unters Volk zu bringen beziehungsweise die Kaufkraft abzuschöpfen. Die Industriellen versuchten nun ein Kartell zu gründen, und am 1.Mai 1907 bekannten sich 90 Prozent der Branche zu einer Konvention, die *„dem verlustbringenden Konkurrenz-*

kampfe Einhalt tun und jedem Vertragschließenden einen angemessenen Fabrikationsgewinn sichern" sollte (Seyfert S.65). Kontingentierung der Produktion, Preisvorteile bei Lieferanten, Verkaufsbedingungen, Preise für Extras und festgesetzte Preise sicherten den Unternehmergewinn solange ab, bis das Syndikat nach zwei Jahren wieder auseinanderbrach. Die deutsche Fahrradkonvention ließ die Leipziger Fahrradmesse sterben. Als 1910 wieder Fahrradfabriken mit einer Gesamtproduktion von 35.000 Rädern schließen mußten, wurde das als „Reinigung" angesehen (Seyfert S.71). Die gesamte Produktion belief sich zur selben Zeit auf schätzungsweise eine Million Fahrräder, von denen ca. zehn Prozent exportiert wurden, wenige sogar nach Japan.

In der Zeit vor 1914 wurde in der Fahrradindustrie zwar industriell gefertigt, also große Serien wurden nach produktionstechnischen Bedingungen hergestellt, während Automobile und Motorräder noch handwerklich-individuell in kleinen Stückzahlen gebaut wurden, aber damit war man nicht auf dem neuesten Stand der Produktionstechniken. Das Sortiment und die Typenvielfalt – jeder Hersteller wollte offensichtlich mit einer umfangreichen Produktpalette seine Kapazität auslasten – verhinderten die gewinnbringende Großserienproduktion.

Im Ersten Weltkrieg kam die Fahrradfertigung fast zum Erliegen, da nur noch das Militär Fahrräder bestellte. Die Kapazität, die nicht für Kriegsräder gebraucht wurde, konnte fast nahtlos in die übrige Rüstungsproduktion integriert werden: Statt Fahrradrahmen und Satteltaschen passierten Granaten und Gasmasken das Fabriktor.

Während der Kriegszeit wurde die gesamte Rohstoffzuteilung und Industrieproduktion zentral

Der Warentest der Hamburger Continental-Fahrräder 1903 mußte andere Belastungen aushalten – jedenfalls zu Werbezwecken.

von der Kriegsrohstoffabteilung im preußischen Kriegsministerium gelenkt. Eine der ersten Maßnahmen war, die Typenvielfalt auf dem Fahrrad-, Motorrad- sowie Autosektor durch Standardisierung und Normierung zu beenden (Kugler S.27f). War die Absatzkrise von 1898-1900 der Auslöser für die Rationalisierungen mit verbesserten Werkzeugmaschinen gewesen, so leitete die Planwirtschaft der Kriegszeit mit ihren militärischen Sachzwängen von Logistik und Rohstoffknappheit die nächste Phase der Industrialisierung ein: die Fließbandproduktion.

Der Fahrrad-Rohbau in den Bielefelder Ankerwerken um 1925.

Geld war genügend vorhanden: Das Kapital der Fahrradfirmen hatte sich durch die mit der Kriegsproduktion erzielten Gewinne fast verdoppelt. Bei den Wanderer-Werken stieg es von 5,8 Millionen auf 18,2 Millionen Mark (Eicker S.81). Die Nachfrage nach neuen Fahrrädern war enorm, nachdem es sechs Jahre kaum welche zu kaufen gab. Durch die Umstellung der Produktion von Platz- auf Bandmontage verdoppelte sich die Zahl der hergestellten Fahrräder von über einer Million im Jahre 1921 auf zwei Millionen 1925 und stieg bis 1927 auf fast drei Millionen an.

Die Uneinigkeit der Hersteller bei der Normierung der Fahrradteile verzögerte jedoch die allge-

meine Einführung der Fließarbeit. Noch 1927 stellte eine Fabrik 250 verschiedene Tretlagerachsen für den deutschen Markt her (Eicker S.10). Erst die Wirtschaftskrise zwang die Produzenten zum Handeln: Um wegen der erheblichen Lagerkosten nicht Konkurs zu machen, entschlossen sich die großen Firmen nach dem Branchenführer Opel zu Investitionen. Der Zeitpunkt war allerdings schlecht gewählt, da das nach dem Kriege vorhandene Kapital durch Investitionen im Automobilbau oft fehlinvestiert und dadurch knapp geworden war. Die nun folgende Wirtschaftskrise und ein ruinöser Wettbewerb – ein gutes Fahrrad kostete 1928 nur noch 70 Reichsmark – ließen die Gewinne arg schrumpfen. Die mittelgroßen Betriebe und die reinen Fahrradhersteller waren die Verlierer dieses Fortschritts.

Das Löten des Rahmens in den Bielefelder Görickewerken um 1925.

Das Löten der Rahmen im elektrischen Tauchbad 1938.

In den nächsten Jahren stabilisierte sich der Fahrradmarkt wieder. Schon im September 1933, kurz nach der Machtübernahme der Nazis, fanden sich die Fahrradhersteller zu einer neuen Konvention bereit, um zu verhindern, daß Fahrräder unter 29,50 RM Großhandelspreis angeboten wurden (Wolff S.34). An den Handel wurden in Deutschland bis 1939 jährlich zwei Millionen Fahrräder ausgeliefert (Wolff S.22), bis diese Entwicklung durch den Zweiten Weltkrieg total gestoppt wurde. Andere Räder mußten von nun an für den „Endsieg" rollen, Fahrräder waren kein Kriegsgeschäft.

Im Gegensatz zum Ersten Weltkrieg war das Geschäft mit dem Krieg diesmal kein Erfolg. Zu den Verlusten durch die Bombardierungen der Fabriken kam noch die Einführung eines neuen Wirtschafts- und Gesellschaftssystems in der sowjetischen Besatzungszone. Dort lagen fast die Hälfte der deutschen Fahrradfabriken. Durch die Teilung Deutschlands in vier selbständige Zonen kam es in den ersten Jahren nach 1945 zu erheblichen Schwierigkeiten in der Rohstoff- und Energieversorgung.

Große Fahrradfabriken aus dem Osten versuchten nach dem Krieg im Westen einen neuen Start. Die Gewinne reichten aber nicht aus, um ein Überleben zu sichern. Die Produktion wurde eingeschränkt oder aufgegeben, und viele Firmen überließen ihren traditionsreichen Namen gegen Geld anonymen Produktions- bzw. Vertriebsgesellschaften. Der nach dem Krieg wiedererstandenen westdeutschen Fahrradindustrie sollte es allerdings auch nicht anders gehen, sie brauchte nur mehr Zeit zum Sterben.

Trotz der Versorgungsprobleme nach dem Krieg kam die Fahrradindustrie allmählich ins Rollen und entwickelte sich nach der Währungsreform nach 1948 zur Zweiradindustrie mit der gesamten motorisierten Produktpalette. Aber schon nach kurzer Zeit mußten die kleinen Fabrikanten feststellen, daß Fahrrad und Motor noch lange kein neues marktfähiges Produkt ergaben. Die Entwicklungskosten für die Zweiräder fraßen die Gewinne und das Firmenkapital auf. Aber auch die mittleren und größeren Werke fuhren mit der Motorisierung nicht besonders gut. Zu

Rahmen-Schweißer 1938.

Die blanken Teile am Fahrrad wurden mehrmals vernickelt und verchromt; 1938.

schnell änderten innerhalb von zehn Jahren die Verbraucher ihre Wünsche und Interessen. Nach dem Fahrrad fuhr man Mofa oder Moped, Motorroller oder Motorrad, um dann endlich mit den erschwinglich gewordenen vier Rädern des Autos weiterzufahren. So stellte man erst die Fahrradproduktion, dann die Mofa- und Mopedproduktion und zum Schluß die Motorradherstellung ein. Bielefeld und Nürnberg verloren innerhalb weniger Jahre durch Verkäufe, Fusionen oder Pleiten einen ganzen traditionsreichen Industriezweig.

Andere Unternehmen setzten auf Expansion. Entweder versuchten sie, durch Verkäufe um jeden Preis an Warenhäuser und Versandhandelsunternehmen ihren Absatz zu steigern oder durch Aufkäufe der Konkurrenz deren klangvolle Markennamen zu erwerben und sich weitere Marktanteile zu sichern. Beides führte zu einem mörderischen Wettbewerb, der in den achtziger Jahren in einer Reihe von Pleiten endete. Von den großen Firmen blieben zwei in Norddeutschland (Heidemann und Kynast) und eine in Süddeutschland (Herkules).

Nachdem der eine Teil der Fahrradindustrie in den fünfziger Jahren in der Motorisierung die Zukunft sah, ein anderer Teil in den sechziger Jahren durch Zusammenkäufe oder Fusionen zu überleben versuchte, die nächsten in den Siebzigern in maximaler Produktionsauslastung und Verkauf um jeden Preis die Pleite zu verhindern suchten, blieben in den achtziger Jahren nur noch die wenigen Firmen übrig, die es noch nicht geschafft hatten, eine „todsichere" Marktnische zu finden.

Die Adler-Werke

Die Geschichte Heinrich Kleyers(1853-1933) ist wie kaum eine andere durch die Entwicklung des Fahrrades geprägt. Das erste Hochraderlebnis hatte Heinrich mit 25 Jahren als Zuschauer eines Cyclerennens 1879 in Amerika. Er hatte vorher für ein Hamburger Maschinen-Importhaus gearbeitet. Nach Deutschland zurückgekehrt, ließ ihn die Idee nicht mehr los. Er gründete 1880 in der Frankfurter Bethmannstraße eine Maschinen- und Velociped-Handlung als Vertre-

Heinrich Kleyer im Jahre 1892.

ter der „Coventry Machinists' Company" und der Singer Co. Das Geschäft expandierte immer mehr, und schon 1886 zog der Betrieb in ein neuerbautes Fahrradhaus mit 3.500 Quadratmetern in der Gutleutstraße 9 um. Dort begann auch die eigene Fabrikation, während bis dahin die Firma Spohr & Krämer die Adler-Räder baute. Die Zeichnung von dem Haus gibt einen guten Einblick in das Fahrradgeschäft damals. Unter einem Dach waren Büro-, Verpackungs-, Expeditions-, Lager- und Fahrschulräume zusammengefaßt. Doch schon drei Jahre später wurden weitere Fabrikräume an der Höchster Straße bezogen, und im selben Jahr feierte der Betrieb das 5.000. selbstgefertigte Fahr-

rad. Kleyer bezog und verkaufte zusätzlich nur noch bis 1893 englische Fabrikate. 1896 wurde das 50.000. selbstgefertigte Fahrrad gefeiert.

Kleyer war in seinen Anfangsjahren ein gut sortiertes Handelshaus, 1886.

Der Jungunternehmer verstand es von Anfang an, seine eigene Werbung zu betreiben: Er führte sein Hochrad selbst vor, gründete schon 1881 den Frankfurter Bicycle-Club und beteiligte sich selbst an den ersten Radrennen. Bis zu seinem letzten Rennen 1886 errang er 32 erste und 21 zweite Preise. Als er selbst nicht mehr bei den Rennen mithalten konnte, sponserte er andere Sportler auf Adler-Rädern.

Die Adler-Räder waren inzwischen berühmt und wurden auch international beachtet. Nachdem

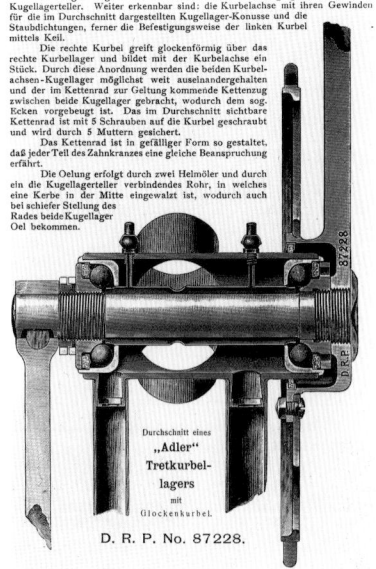

Schnitt durch eine Adler Tretkurbel-Achse, 1900.

Das Fahrradhaus in der Frankfurter Gutleutstraße in Säulenbauweise, 1886.

sie die ersten drei „Probeläufe" auf der Leipziger Fahrradmesse bestanden hatten, zog Kleyer 1892 als erster und einziger Deutscher auf die immer noch bedeutendste Zweiradmesse der Welt, die Stanley-Show in London. Das deutsche Fabrikat hielt nicht nur den kritischen Augen der Engländer stand. Ein Jahr später brachte die „Erste Allgemeine Deutsche Sportartikel-Ausstellung" in Hannover Erfolg, und 1894 erhielten Adler-Räder auf der Chicagoer Weltausstellung eine Goldmedaille. Die Jury urteilte damals lobend: *„Ein in jeder Beziehung erstklassiges Fabrikat von sauberster Arbeit und feinstem Material, sowie einer Vollkommenheit der Ausführung, die nichts*

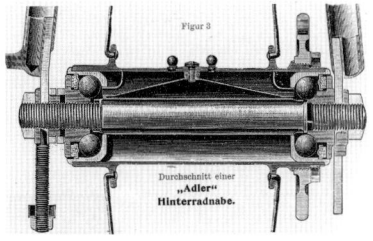

Eine Adler-Hinterradnabe mit zwei Kugellagern noch ohne Freilauf, um 1900.

zu wünschen übrig läßt." (Adler Fahrräder 1901) Auf der Weltausstellung 1900 in Paris schnitten Adler-Räder wieder gut ab.

Der bisher reine Fahrradproduzent – seit 1895 als Aktiengesellschaft – begann auch 1896 mit dem Schreibmaschinen-, 1899 mit dem Automobil- und 1902 mit dem Motorradbau. In der Zwischenzeit wurden laufend die Werkshallen vergrößert oder vermehrt. Das 100.000. Fahrrad durchlief 1898 die Produktionshallen. Die Krise der Branche in dem Jahr fügte der gesunden Großfirma kaum Schaden zu. Jedenfalls war der Absatz der Adler-Räder um die Jahrhundertwende durch 16 Filialen beziehungsweise Niederlassungen gesichert.

Die Palette der Adler-Räder umfaßt die üblichen Modelle: erste Hochräder, dreirädrige Jugend-Hochräder, Kangaroo-Safetys, die bekannten Kreuzrahmen-Niederräder, Diamantrahmenräder, Dreiräder, Transporträder, Klappräder, Kriegsräder, Kardanräder, Zwei-, Drei-, Vier- und Sechssitzer sowie Rennräder. Die Masse der produzierten

Jahr	Umsatz in Mark	Jahr	Umsatz in Mark
1880	9 447,19	1893	1 642 678,77
1881	70 921,86	1894	2 296 752,08
1882	182 037,64	1895	2 534 641,—
1883	329 814,92	1896	3 791 820,--
1884	522 878,82	1897	5 307 387,—
1885	670 645,33	1898	5 811 940,--
1886	774 797,54	1899	5 556 927,—
1887	1 066 314,40	1900	4 817 062,—
1888	952 106,—	1901	4 942 911,—
1889	908 465,40	1902	4 795 523,—
1890	947 518,05	1903	6 338 669,—
1891	885 539,19	1904	7 128 405,—
1892	1 211 258,90		

Die Adler-Umsätze von 1880-1904 zeigen die enormen Wachstumsraten der neuen Branche.

Adler-Fahrräder machten allerdings die ganz normalen Damen- und Herrenräder aus.

„Das von einigen Fabriken Englands empfohlene Freilauf-Rad (Free-Wheel) liefern wir, ohne Garantie für Zweckdienlichkeit, auf feste Bestellung an einzelnen Modellen." (Adler Fahrräder 1900 S.4) Diese Skepsis gegenüber einer technischen Errungenschaft, ohne die das Radfahren heute nicht denkbar wäre, wich bald der Überzeugung, daß sie tatsächlich Fahrsicherheit und -komfort gewährleistete. Kleyer, der ungern Patentrechte bezahlte, ließ einen eigenen Freilauf konstruieren, der ab 1906 in die Hinterräder eingebaut wurde. Später wurde das Adler-Dreigang-Tretlager berühmt.

Von den 7.000 Beschäftigten wurden 1914 bei Ausbruch des Ersten Weltkrieges viele zum Militärdienst eingezogen, und der Rest der Belegschaft baute Kriegsräder für die Front. Bei gedrosselter Produktion wurde das

500.000. Fahrrad ausgeliefert. Die Fahrradherstellung fiel zwischen den beiden Weltkriegen auf Platz zwei der Adler-Produktion. Das Automobil war wichtiger geworden. Es gehörte mit zu den ersten deutschen Marken. Adler-Trumpf und Adler-Autobahn waren die bekanntesten Autos aus den Frankfurter Werken.

Nach dem Zweiten Weltkrieg erlebte die Fahrradproduktion einen noch nie dagewesenen Boom: 1948-49 wurden über 170.000 Stück produziert. Kurz darauf gab es wieder einen Rückgang, und 1954 stellte Adler die Fahrradherstellung ein, da sich die Markenräder nicht gegen billigere Produkte behaupten konnten. Ab 1969 konzentrierten sie sich nach dem Zusammenschluß mit den Triumph Werken Nürnberg als Triumph-Adler ganz auf den Bau von elektrischen Büromaschinen und Kleincomputern.

„Radler fahr Adler" war mal der Werbeslogan.

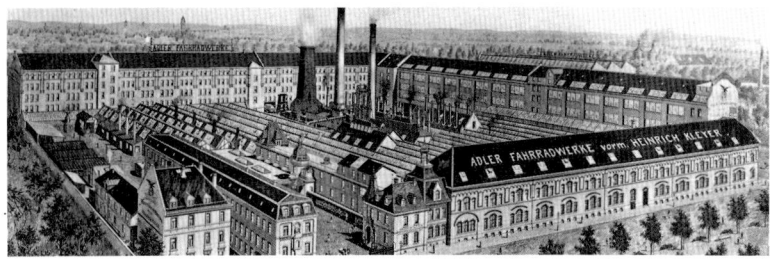

Der Erfolg der Adlerwerke läßt sich an der Größe des Werksgeländes ablesen.

Die Wanderer-Werke

Die sächsischen Wanderer-Werke wurden 1885 als „Chemnitzer Velociped-Depot Winklhofer und Jaenicke" gegründet. Zwei jungen Männern, Richard Adolf Jaenicke(1858-1917) und Johann Baptist Winklhofer (1859-1949), kam während eines Radfahrkurses die Idee dazu.

Kommerzienrat Johann Winklhofer, Mitbegründer der Wanderer-Werke, 1938.

Beide hatten ihre Erfahrungen in unterschiedlichen Maschinenfabriken sammeln können. Winklhofer hatte zusätzlich in München bei dem Handelshaus C.N.Schad als Hochrad-Fahrlehrer und -Verkäufer mit dem in Mode kommenden Zweirad Erfahrungen gesammelt.

Zuerst wurden in Chemnitz Hochräder der Firma Rudge aus England gehandelt, dann bauten die Mechaniker selbst welche. 1886 belief sich die Jahresproduktion schon auf 100 Stück. Im selben Jahr wurde die geschäftliche Partnerschaft in ein Familienunternehmen überführt: Johann Winklhofer heiratete Jaenickes Schwester.

Die Firma wurde bald „Chemnitzer Velociped-Fabrik" genannt und ständig erweitert. Das inzwischen groß gewordene Unternehmen zog 1895 nach Schönau, einem Vorort von Chemnitz, in neue Fabrikgebäude um, wo noch im selben Jahr das 10.000. Fahrrad die Produktion verließ. Das Werk bot Platz für 120 Werkzeugmaschinen und 225 Arbeiter. Ein halbes Jahr später wurde die Firma in „Wanderer-Fahrradwerke, Aktiengesellschaft, vorm. Winklhofer & Jaenicke, Schönau-Chemnitz" umgewandelt, da die Firmeninhaber selbst nicht genügend Kapital hatten, weitere Investitionen für den Maschinenpark aufzubringen.

Eine Anekdote aus dem Jahre 1898 erzählt, wie Winklhofer höchstpersönlich Neuerungen im Fahrradbau einführte: Um sicherzugehen, daß sich die neue Rollenkette anstelle der alten Blockkette auch bewähren würde, radelte er mit seinem späteren Direktor Schneider auf einer sechstägigen Probefahrt durch Sachsen und Thüringen. Erst danach wurden die Rollenketten zum Einbau freigegeben (Mirsching S.10).

Das Niederrad hatte inzwischen endgültig das Hochrad abgelöst, und der Fahrradbau erlebte seine Hochkonjunktur. Die Produktionssteigerung betrug 1897 gegenüber dem Vorjahr 75

„Wanderer"-Zweirad No. I.

Preis: 370 Mark.

Erfolge auf der Landstrasse!

Das „Wanderer"-Bicycle No. I hält den deutschen Tages-Record: 401,5 Kilometer in 23 Stunden 53 Minuten. 100 Kilometer auf „Wanderer" No. I. in 4 Stunden 22 Minuten 58 Sec.

Beschreibung.

Hohle Weldless-Gabeln und Lenkstange, pat. unzerbrechlicher Stahlrücken, pat. doppelhohle Radreifen, Tangent-Speichen, Kugellager (System „Rudge") zu beiden Rädern und den Pedalen. Schwarz emaillirt und vernickelt. Abnehmbare Kurbeln, verstellbarer feiner Sattel, Werkzeugtasche mit Schlüsseln und Oelkännchen.

Gewicht bei 52" = 17½ Klgr.

Wenn über 54" engl. gross 10 Mk. mehr!

Aus dem ersten Wanderer-Katalog.

Die Werkzeugmaschinen sorgen bei den Wanderer-Werken für Unabhängigkeit von den Krisen auf dem Fahrradsektor, 1912.

Prozent. Die gesteigerten Kapazitäten der Wanderer-Werke trugen zur allgemeinen Überproduktion 1897/98 bei, und die unausbleibliche Krise der Fahrradbranche stoppte auch bei Wanderer den bis dahin stetigen Aufwärtstrend. Als Ausweg wurden ab 1899 Fräsmaschinen, ab 1902 Motorräder, ab 1903 Continental-Schreibmaschinen und ab 1904 Automobile hergestellt. Der erste bekannte Wagen wurde ab 1911 das „Wanderer Puppchen".

Die vielfältigen Produktionsbereiche führten dazu, daß die Belegschaft 1913 auf 4.000 Personen angewachsen war. Die ersten elf Jahre des 20.Jahrhunderts brachten den Wanderer-Werken für ihre Fahrräder siebenmal die Auszeichnung „Grand Prix" ein – einmal davon auf der Weltausstellung in Turin. In den bald folgenden Kriegsjahren wurde der Fahrradbau auf Militärräder umgestellt, ansonsten tat sich im nächsten Jahrzehnt kaum etwas Neues. 1925 wurde bei Wanderer die erste deutsche Montagebahn für Fahr-

räder installiert. Die Weltwirtschaftskrise führte dazu, daß überall gespart und rationalisiert wurde. Da die Kaufkraft der „kleinen Leute" – die Hauptabnehmer von Fahrrädern – gesunken war, brachte Wanderer 1930 die preiswerten „Vulkan"-Modelle auf den Markt, die die Umsätze steigerten.

J.B.Winklhofer, dessen kaufmännisches Geschick für das Unternehmen von großer Bedeutung war, verließ die Wanderer-Werke 1929, Mitbegründer Jaenicke war bereits vor der Jahrhundertwende ausgeschieden. Winklhofer hatte 1916 in München eine zweite Firma mit seinen Söhnen gegründet, in der später die IWIS-Ketten produziert wurden.

Der Fahrradumsatz bildete bis zum Zweiten Weltkrieg einen wesentlichen Bestandteil der Wanderer-Werke, die inzwischen auf dem Schreibmaschinen-Sektor zum größten Hersteller Europas aufgestiegen waren. Der Motorradbau dagegen entwickelte sich nicht so gut und wurde daher 1929 eingestellt, die freiwerdenden Kapazitäten übernahm der Fahrradbau. Zwei Jahre später verließen Motorfahrräder mit

Das Wanderer-Rad von 1913.

dem Zweitaktmotor Saxonette die Werkshallen. Das war angepaßte Produktion, denn die Weltwirtschaftskrise ließ die Kunden von schweren Motoren auf billigere Fahrzeuge umsteigen.

Die traditionsreiche sächsische Marke wurde 1948 in die volkseigenen Betriebe IFA überführt. Gleichzeitig zogen die Wanderer-Werke dorthin, woher einst ihr Mitbegründer Johann Winklhofer im Jahre 1885 nach Chemnitz aufgebrochen war. Ab 1952 wurde in Haar bei München ein neues Werk aufgebaut. Nach zehnjähriger Lieferunterbrechung gab es im Westen wieder Wanderer-Werkzeugmaschinen, -Fahrräder und -Mopeds. Die Gewinne reichten aus, sich bei den Büromaschinenfirmen Exacta in Köln und Continental in Berlin finanziell zu engagieren. 1957 wurde das Zweiradgeschäft bereits wieder eingestellt. Erst 1981 steigt Wanderer in die jetzt wieder lohnende Fahrradproduktion und wirbt mit dem Fahrrad „nach Ihren Körpermaßen" (Radmarkt 1982 S.97).

SCHUTZ-MARKE.

Das Steuerkopf-Schild war das Markenzeichen, 1912.

Die Werksanlagen einer ehemals bedeutenden Firma zu Beginn des 20. Jahrhunderts.

Fahrrad-Fahrschulen

Die Laufrad-Erfindung des Freiherrn von Drais war schwer durchzusetzen. Dieses Fortbewegungsmittel galt als nicht standesgemäß, das hierzulande keine Aussicht auf Erfolg hatte. Karl von Drais ging mit seiner Erfindung nach England, wo er freundlicher aufgenommen wurde. Rudolf Eger erzählt eine schöne Geschichte, die wahr sein könnte: Drais stellte dort ein altes Manegenzelt auf und gab dem Unternehmen den Namen „Velodrom". Er lud die Engländer ein, sich die Kunst, eine Laufmaschine zu betätigen, beibringen zu lassen und an täglichen Wettrennen teilnehmen zu können. Die sportfreudigen Engländer waren begeistert, und das Velodrom war gut besucht (Eger S.103).

Drais war nicht nur ein Erfindergenie, sein Bestreben galt der Verbreitung und Anerkennung seiner neuen Konstruktionen. Dafür hat er Druckschriften verfaßt, die die Benutzung der Laufmaschine erklären, und auch tatsächlich Fahrunterricht gegeben. Vier Lektionen reichten aus, um gut fahren zu können. Mancher seiner „Lehrlinge" konnte schon am ersten Tag behaglich schnell bergab balancieren, ohne den Fuß auf die Erde zu setzen (Rauck S.231). Daran ist zu erkennen, daß es Drais' vordringliches Ziel war, die Vorteile des Gefälles mit dem Zweirade auszunutzen.

Die Konkurrenz schlief nicht. Denis Johnson in England pro-

Johnsons Pedestrians Hobby Horse Riding School; engl. Farbstich von 1820.

Pariser Velociped-Fahrschule der Compagnie Parisienne; Holzschnitt aus der Zeitschrift „L'Illustration" 1869.

duzierte inzwischen das Hobby Horse, die leichtere Laufradversion, und richtete 1819 eine Riding-School in der Londoner Brewer Street ein (Rauck u. a. S.27). Ein zeitgenössischer Farbstich zeigt die Fahrschüler mit Zylindern und wehenden Rockschößen.

Das Laufrad verschwand für einige Jahrzehnte von der Bildfläche und mit ihm auch die ersten Fahrschulen. Als der Franzose Michaux 1867 in Paris eine

Der gelungene kühne Sprung auf das Velociped, 1869.

seiner Velociped-Fabriken eröffnete, durfte die Fahrradschule nicht fehlen. In der Zeitschrift „L'Illustration" wird eine riesige und reich geschmückte Halle gezeigt, in der die Herren sich nicht nur im einfachen Radfahren üben, sondern auch kleine Kunststücke vorführen. Solche Fahrsäle wurden auch noch aufgesucht, wenn man schon radfahren konnte. Sie erfüllten den Zweck einer heutigen Turnhalle.

Wie man das HOCHRAD besteigt

... und wie steigt man vom Hochrad herab?

Man konnte den Sport unabhängig vom Wetter ausüben. Hier liegen auch die Ursprünge des späteren Saalsports.

Aus den Unterrichtszielen eines Velodroms: „*Nichts sieht anmuthiger aus, nichts macht so sehr den Eindruck von Kraft, Gewandtheit und Sicherheit als ein gelungener kühner Sprung auf das Velocipede. In Frankreich hält man jeden für einen Stümper und Anfänger, der in anderer Weise aufsteigt. Nichts ist aber auch leichter auszuführen, namentlich für einen Turner. Man stelle sich an die linke Seite des Velocipedes, ergreife mit der linken Hand die Lenkstange und halte diese in ihrer richtigen Lage fest, lege die rechte Hand nun ebenfalls auf die Lenkstange oder auf die Feder, die den Sattel trägt, setze das Velocipede dadurch in Bewegung, daß man dasselbe nach vorn schiebt, mache hierauf mit Hülfe der gestützten Hände einen Sprung, wie beim Überspringen einer Barriere, und lasse sich leicht in den Sattel fallen. Da das Reitrad nach dem Gesetze der Trägheit oder des Beharrungsvermögens noch längere Zeit in Bewegung bleibt, so behält man Zeit, die Füße mit den Pedalen in Verbindung zu bringen und so den Lauf fortzusetzen.*" (Illustrirte Zeitung 1869, S.342)

Das Radfahrfieber hatte sich ausgebreitet. Die Leipziger „Illustrirte Zeitung" berichtet ebenfalls 1869, daß über 5.000 Schüler in New York „förmliche Schulen zur Einübung im Velocipedereiten" besuchen: „*Diese Schulen sind, wie die Restaurationen, zu allen Stunden des Tages offen und fortwährend so besucht, daß die vorhandenen Velocipedes nicht ausreichen, um jeden, der sich bedienen will, zu befriedigen.*"

Die ersten Fahrstunden auf dem Velociped erteilte hierzulande 1868 der Turnlehrer Johann Friedrich Trefz in der von ihm gegründeten Mädchenturnhalle in Stuttgart. Richtige Radfahrschulen wurden in Deutschland um 1870 eröffnet: eine vom Berliner und eine vom Magdeburger Velocipedenclub. Sie waren überwiegend den stolzen Besitzern solcher Maschinen vorbehalten, die dort ungestört, ohne die lästerlichen Bemerkungen ihrer Mitmenschen, fahren konnten. Später kam noch das Leihgeschäft hinzu, da auch diejenigen, die sich kein Zweirad leisten konnten, Interesse an dem neuen Sport hatten. Manche Fahrradschulen waren eine Modeerscheinung und schlossen ihre Pforten wieder, nachdem die erste Euphorie vorbei war.

In der Zeit des Hochradfahrens waren die Schulen unentbehrlich. Woher sollte man sonst wissen, wie man das hohe Zweirad besteigt und es – viel schwieriger – heil wieder verläßt? Und

Fahrsaal im Dachgeschoß des Fahrradhauses der Adler-Werke in Frankfurt 1886.

mancher mochte auch nicht, wie Mark Twain selbstironisch schreibt, im Hinterhof mit einem Experten, einer Büchse Pond's Extrasalbe zum Verarzten und schließlich vier Assistenten das Bicyclefahren lernen (Riha S.11). Von Autodidakten wird erzählt, daß sie sich die Fingerkuppen in den Speichen abgefahren haben (Timm S.23).

Ansonsten wurde das Radfahren den Kunden bei Verkauf einer Maschine von den Händlern beigebracht. Das erhöhte natürlich auch den Preis, und der Umsatz der Firma hing an den pädagogischen Fähigkeiten des Fahrlehrers.

Vielleicht wurde Heinrich Kleyer mit seinen Adler-Werken so erfolgreich, weil er in seinem ersten großen Geschäftshaus in der Frankfurter Gutleutstraße über den Abteilungen Verkauf, Versand, Lager und Werkstatt auch einen 300 Quadratmeter großen Fahrsaal mit einem „erfahrenen Instruktor" einrichtete. Aus dem Fahrsaal unterm Dach des Fahrradhauses wurde zehn Jahre später das Velodrom, eine Radfahrbahn hinter der Firma, so groß wie ein Sportplatz, wo man richtig ausfahren und sich im Kurvenfahren üben konnte (Lang S.21).

Die anderen Fahrradhändler wußten um die Werbewirkung einer Lernmöglichkeit, und so er-

fahren wir aus dem „Radmarkt" von 1887, daß Wilhelm Pirz, Fahrradhändler in Karlsruhe, einen „in jeder Beziehung mustergültigen" Fahrsaal mit 500 Quadratmetern eröffnete.

Aber es gab auch Klagen über die Ausbildung seitens der Händler: *„Daß also eine ältere Dame längere Zeit zum Lernen braucht, wie ein junges Mädchen, versteht sich von selbst. Sie wird um so mehr bedacht sein müssen, einen tüchtigen Lehrer*

Frauen, die sich das Radfahren von Männern lehren ließen, galten als unsittlich; um 1897.

zu finden, dann geht's schon. Was allerdings unter der Firma Radfahrlehrer in der Welt herumläuft, ist oft wunderbar! ... Der Ehrenwerte Stand der Fahrradhändler, die ja zugleich die geborenen Radfahrlehrer sind, wird mehr und mehr von allerhand zweifelhaften Existenzen überflutet." (Rother S.114)

Viele versuchten auf irgendeine Art mit dem Fahrrad eine „schnelle Mark" zu verdienen.

Fahrschulen förderten den Fahrrad-Verkauf; NSU-Anzeige um 1890.

Die Berliner Radfahrschule dient dem Unterricht, dem Vergnügen und dem Sport – vor allem für die Damen, die auf der Straße noch ausgepfiffen werden, 1896.

Eine Möglichkeit war der Zwei- und Dreiradverleih ohne Unterricht: *„Durch die wie Pilze aus der Erde schiessenden Leihinstitute war es selbst dem Unbemitteltsten möglich gemacht, sich für wenige Pfennige das Vergnügen einer Dreiradfahrt zu gönnen und bald wimmelte es denn auch auf allen Straßen von Dreiradfahrern aller Art. Die fragwürdigsten Gestalten sah man mit rasender Geschwindigkeit durch die Straßen eilen, und täglich waren die Zeitungen voll von Unglücksfällen ... Natürlich wurde das Publikum durch diese Wirthschaft aufs Höchste gegen das Radfahren eingenommen und da dasselbe keinen Unterschied zwischen dem wirklichen Radfahrer und den ‚Strampelbrüdern', mit welchem Namen der Berliner Volkswitz schnell bei der Hand war, machte, so richtete sich der Unwillen der Menge gegen die ganze Radfahrerei. ...Die Leihinstitute haben sich gegenseitig todt gemacht und sind alle selig eingeschlummert. Nur selten sieht man heute einen Dreiradfahrer auf den Straßen.“* (Der Radfahrer 1890 S.28)

Da das Fahren auf den Straßen also nicht gern gesehen wurde – soweit es überhaupt erlaubt war –, zogen sich die Radfahrer wieder in Schulen zurück: *„...der 2 Mtr. hohe Breterzaun gilt als unentbehrlich und hält neugierige Spötter ab, selbst der Eingang ist so geschickt angelegt, daß es keinem Unberufenen gelingt, einen Blick in das Heiligthum zu werfen.“* (Illustrirte Zeitung 1896 S.489) In Berlin wurde eine Velociped-Fahrschule unter anderem 1890, schräg ge-

Wie man die Pedale tritt...

Falscher Sitz
auf dem Rad.

Richtiger Sitz
auf dem Rad.

Falscher Sitz
auf dem Rad.

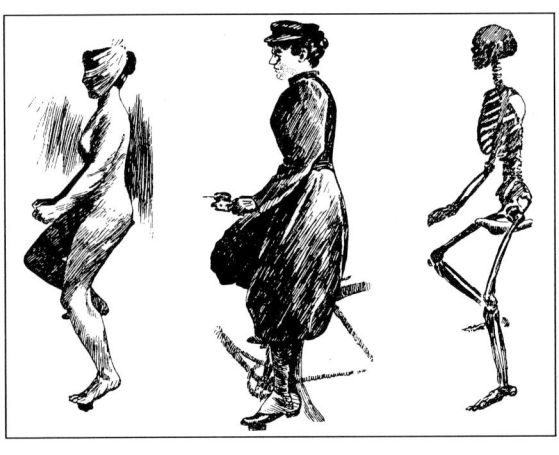

Richtiger Sitz
auf dem Rad.

Die Lektionen des Radfahrens.

genüber vom städtischen Turn-
platz in der Unions-Brauerei Hasenheide 22-28, im als „Turner-
viertel" bekannten Neukölln ein-
gerichtet. Heute treffen sich an
der Hasenheide die Rollschuh-
läufer.

Die Kunst des Radfahrens erforderte bei den Fahrrädern vor
der Jahrhundertwende tatsächlich einige Übung, da die Maschinen technisch noch nicht so aus-
gereift waren. Insbesondere
fehlte ihnen der Freilauf, die Pedale liefen also immer mit. Aus
diesem Grund wurde das Rad
erst angeschoben und der Auf-
tritt am Hinterrad bestiegen.
Dann ließ man sich in den Sattel
gleiten, um nun die Pedale wei-
terzutreten. Den Damen wurde
beigebracht, wie sie von einem
erhöhten Standpunkt aus erst die
eine und dann schnell die andere
Pedale zu fassen kriegen, ohne
die Beine heben zu müssen.

Ziel des Unterrichts war es,
daß die Radler und Radlerinnen
kerzengerade mit stolzgeschwell-
ter Brust ihre Maschine fahren
konnten. Rennsporthaltung galt
als unschön. Auch auf die richtige
Haltung des Knöchelgelenks
wurde großen Wert gelegt. Doch
die Unsitte, den Fuß mitten auf
das Pedal zu setzen, konnte bis
heute nicht ausgeräumt werden.
Hilfreich bei der Vermittlung der
Fahrkunst waren nebenstehende
Skelettzeichnungen, die einleuch-
tend erklären, daß der Abstand
zwischen Pedalen und Sattel genau ausbalanciert werden muß,
wenn man bequem radfahren will.

Zur Physik am Fahrrad

Otto Lührs

Ein ordentliches Gefährt hat wenigstens vier Räder. Heuwagen, Kutschen, Autos, Lastwagen, Eisenbahnwagen – alle haben vier Räder oder mehr.

Vier Räder, also vierfach abgestützt – das verspricht stabile Straßenlage und große Sicherheit. Aber vier Räder, das bedeutet auch viermal Reibung in den Radlagern und viermal Rollreibung zwischen Rad und Straße. Das kostet Kraft – diese Energie muß der Fahrer zusätzlich aufbringen.

Vier Räder machen eine weitere Schwierigkeit. Jeder kennt es vom Küchentisch, wenn der Tisch sich auf drei Beine stützt und eines in der Luft hängt. Will man seine Suppe im Teller behalten und nicht auf der Tischplatte haben, klemmt man einen Bierfilz unters kurze Bein. Dann kann man ohne „Seegang" im Teller weiterlöffeln.

Bei einem Tisch mit drei Beinen hat man dieses Problem nicht. Der ist immer standhaft. Dreipunktaufhängung oder Dreipunktlagerung nennen das die Techniker, und sie verwenden diese Technik gerne.

Wenn man nun auf dieser Basis ein Fahrrad baut: Es steht stabil auf der Straße, und es hat weniger Reibung als das Vierrad. Drei Räder sind also günstiger als vier Räder. Vielleicht sind zwei Räder noch geeigneter. Die Reibung in den Lagern und auf der Fahrbahn ist noch geringer. Konsequent weitergedacht, ist dann aber das Einrad das sinnvollste Gefährt. Reibung tritt nur einmal auf – schnelles, kraftsparendes Radeln erscheint gewährleistet.

Doch nun entsteht ein neues Problem, das Drei- und Vierräder nicht kennen. Bei diesen Gefährten stehen die Räder weit auseinander. So ist die Lage des Schwerpunkts kaum von Belang. Man sitzt etwa inmitten der Räder, und ein Umkippen ist nicht zu befürchten.

Doch ein Einrad hat nur einen Stützpunkt; man kann nach vorn fallen, man kann zur Seite fallen, nach hinten, nach allen Seiten. Es gibt nichts Instabileres als die Unterstützung in einem Punkt. Da braucht es lange Übung, um das Gefährt einigermaßen zu beherrschen, und gefahrlos im Straßenverkehr ist es niemals. Es bleibt ein Unikum für Exoten und Akrobaten. Der Schwerpunkt liegt dann weit über dem Boden.

Der Schwerpunkt und die Schwerpunktslage sind offenbar von großer Bedeutung. Der Schwerpunkt, den man auch Massenmittelpunkt nennt, liegt bei einfachen Körpern, z.B. beim Würfel, im geometrischen Würfelmittelpunkt. Bei komplizierten Körpern ist er nicht so leicht zu bestimmen, aber seine Lage ist oftmals leicht aus der Anschauung abschätzbar. So liegt der Schwerpunkt des Menschen innerhalb des Bauches im Bereich des Nabels. Ändert der Mensch seine Haltung, verschiebt sich die Körpermasse und ebenso verschiebt sich der Massenmittelpunkt. Krümmt sich der Mensch vorn über, kann sein Schwerpunkt gar außerhalb des Körpers etwa wenige Zentimeter vor dem Bauch liegen. Durch Bewegen des Körpers läßt sich die Schwerpunktlage also in Grenzen variieren.

Doch zunächst zurück zum einfachen Körper, z.B. einem Besenstiel. Dessen Schwerpunkt liegt auf halber Länge im Kern des Stiels. Faßt man den Besenstiel oben an und läßt ihn hängen, so baumelt er völlig ruhig herab. Der Schwerpunkt liegt weit unterhalb des Haltepunktes, der Besenstiel hat eine stabile Lage.

Faßt man den Besenstiel auf halber Länge, so bleibt er zwar in der jeweiligen Lage, die er aber leicht beim Wackeln oder durch Windstoß verändert. Der Schwerpunkt liegt in der Höhe des Haltepunktes, diese Lage des Besenstiels wird als indifferent bezeichnet.

Balanciert man den Stiel am unteren Ende auf einem Finger, liegt der Schwerpunkt weit oberhalb des Haltepunktes, und der Besenstiel droht ständig zu kippen. Doch je länger der Besenstiel gewählt wird, um so besser läßt er sich balancieren. Aber mit einiger Übung läßt sich das verhindern. Neigt sich der Stiel, bewegt man schnell die Hand in die Fallrichtung und fängt so die Neigung wieder auf. Der Stiel ist für eine Weile stabil, bis er sich wieder zu neigen beginnt. Dann fängt das Spiel von neuem an. Man muß ständig versuchen, den Schwerpunkt oberhalb des Haltepunktes zu bekommen.

Übertragen auf das Einrad bedeutet das: Das System Einradfahrer hat einen Schwerpunkt, der etwa im Bereich des Bauchnabels angenommen werden kann. Die Beine sind nun zwar angezogen, das läßt den Schwerpunkt hochrutschen, aber das Fahrrad selbst ist mit seiner Masse hinzugekommen, so daß der Schwerpunkt wieder in Bauchnabelnähe angesiedelt ist.

Der Schwerpunkt des Systems Einrad-Einradfahrer liegt also weit über dem Unterstützungspunkt am Erdboden. Dieses Gebilde ist also nach allen Seiten labil. Der Fahrer muß ständig korrigieren. Neigt sich das Gebilde nach vorn, tritt der Fahrer etwas ins Pedal, um die Neigung aufzufangen. Neigt sich aber das Gebilde zur Seite, muß erst das Rad um einen gewissen Winkel gewendet werden, nun kann die Korrektur durch leichtes Vorwärts- und Rückwärtstreten erfolgen. Gleichzeitiges korrektes Wenden und dosiertes Treten machen den Balanceakt so schwierig.

Nach dieser Erkenntnis scheint es ratsam, sich wieder dem Zweirad-Prinzip zuzuwenden. Man muß zwar die zusätzliche Achs- und Rollreibung in Kauf nehmen, aber die „Kippkorrektur" ist nun einfacher. Die Korrektur nach vorn und hinten ist nicht mehr notwendig, da die Unterstützung an zwei Punkten ein Kippen in dieser Richtung verhindert. Als Problem bleibt das seitliche Kippen, aber das allein läßt sich nach einiger Übung beherrschen.

Bislang ist das Rad noch keinen Meter gefahren. Das hat die Theorie des Balancevorganges einfach erscheinen lassen, da keine dynamischen Vorgänge berücksichtigt werden mußten. Doch die Praxis des Balancierens erweist sich im Stillstand als sehr schwierig. Beginnt das Rad zu fahren, vollzieht sich eine Umkehrung. Die Theorie wird nun komplizierter, aber das Balancieren beim Fahren ist nun einfach. Treten wir also in die Pedale! Die Pedale drehen sich im Kreise und mit ihnen das große Kettenrad. Über eine Kette wird die Drehbewegung auf das kleine Kettenrad übertragen, das fest mit dem Hinterrad verbunden ist. Das Fahrrad bewegt sich, und somit dreht sich auch das Vorderrad. Es sind also mehrere Rotationsbewegungen in Gang gesetzt, und bei Rotationsbewegungen treten spezifische Kräfte auf.

Wegen ihres großen Durchmessers, wegen der verhältnismäßig großen Massenbelegung am Außenrand (Felge und Reifen) und wegen der möglichen hohen Drehzahl sind diese Kräfte von großer Wirksamkeit. So wie bei Linearbewegung sich ein Körper nicht ohne Kraftaufwand anhalten läßt, zeigt auch die Drehbewegung ein Trägheitsverhalten. Ein in Drehung versetztes Rad möchte im Raum seine Orientierung beibehalten. Es erfordert Kraft, ein rotierendes Rad zu schwenken. Das spürt man auch bei schnellaufenden Elektrogeräten wie Handbohrmaschine oder Handstaubsauger, besonders dann, wenn man sie mit nur einer Hand hält und dann zu schwenken versucht.

Wenn also ein Fahrrad erst einmal läuft, trägt das Beharrungsverhalten der rotierenden Räder zu seinem stabilen Fahrverhalten bei und das umso mehr, je schneller die Fortbewegung ist, denn dann können sich die Trägheitskräfte so richtig auswirken. Doch das allein erklärt noch nicht das stabile Fahrverhalten des Fahrrades. Es geschieht Ähnliches wie beim Balancieren des Besenstiels. Der Fahrer betreibt eine nahezu unbewußte, reflexartige Korrektur, um das Umkippen zu verhindern.

Neigt sich das Rad zur Seite, lenkt der Fahrer das Vorderrad in die gleiche Richtung und fängt so die Neigung ab, bis das Fahrrad wieder senkrecht fährt. Die völlig senkrechte Lage des Fahrrades aber ist ein seltener Spezialfall; die Regel ist, daß das Fahrrad von dieser Lage abweicht. Deshalb ist ständige Korrektur der Lage notwendig. Infolgedessen fährt ein Radfahrer grundsätzlich Schlangenlinien, deren Charakter beim langsamen Fahren ausgeprägter ist, da dann das Korrigieren längere Zeit in Anspruch nimmt. Bei hoher Geschwindigkeit wird sowohl wegen der stabilisierenden Rotation der Räder als auch wegen des schnelleren Korrekturverlaufs eine nahezu geradlinige Fahrspur beobachtet.

Gelegentlich kommt es vor, daß man sein Fahrrad tragen muß. Dann muß man außer dem Rahmen auch das Lenkrad halten, das umzuschlagen droht. Dieses unangenehme Trageverhalten hat seine Ursache in der Formgebung der Gabel, die sich von der Lenksäule aus nicht gerade nach unten fortsetzt. Sie ist gekrümmt. Hebt man das Rad, wirkt die nach unten gerichtete Schwerkraft auf das Zentrum des Vorderrades. Das Zentrum liegt aber wegen der Krümmung nicht in der geraden Verlängerung der Lenksäule; deshalb klappt das Vorderrad um. Setzt man ein Fahrrad auf den Boden auf, wirkt die Gewichtskraft von Fahrrad und Fahrer von oben.

Das gilt solange, wie die Gewichtskraft von oben drückt. Neigt der Fahrer seinen Körper, verlagert sich die Gewichtskraft und damit die Richtung der Belastung des Vorderrades. Das gesamte Fahrrad stellt sich schräg und das Vorderrad schwenkt bis zu einem gewissen Winkel ein. Das Rad fährt eine Kurve.

Die Ausführungen sollen andeuten, wie das eigentliche Radfahren physikalisch möglich ist. Daneben gibt es noch eine Menge weiterer physikalischer Erscheinungen am Fahrrad. Übergangen wurde die Physik des Antriebes und seiner Übersetzungsverhältnisse. Doch diese Vorgänge sind sehr anschaulich und lassen sich leicht in jedem Physikbuch nachlesen. Hochinteressant ist die Übertragung der Beinbewegungen, die naturbedingt nicht kreisförmig verlaufen, auf das eine Kreisbahn vollziehende Pedal. Der Gummireifen und seine Fixierung auf der Felge wird nicht behandelt. Bremshebel, Bowdenzüge und Bremsvorgänge wären eigene Passagen wert. Sogar das akustische Verhalten der Fahrradklingel könnte untersucht werden.

Wichtig wäre es, das Phänomen der notwendigen Reibung zwischen Rad und Unterlage zu behandeln. Ebenso nachdenkenswert ist der wachsende Luftwiderstand bei hoher Geschwindigkeit.

Fragen über Fragen theoretischer Natur, die für die Entwicklung des Fahrrades nur eine untergeordnete Rolle gespielt haben. Die Geschichte zeigt, daß das Fahrrad nicht aufgrund wissenschaftlicher Überlegungen entstand, sondern „erpröbelt" wurde.

Rein aus der Praxis her entwickelt, scheint das Fahrrad ein Beweis dafür zu sein, daß Technik die Fähigkeiten des Menschen sinnvoll und ohne Umweltgefährdung erweitern kann. Zumal dann, wenn man vernachlässigt, unter welchem Energieaufwand Stahl produziert wird, wie Kugellager gefertigt werden und wie der Kunststoff des Sattels, der Pedale, der Lampe und des Rücklichts entsteht. Der Lack, die Gummireifen und und und. Aber das sind Probleme der Technik, nicht der Physik.

Rein physikalisch gesehen ist das System Fahrrad-Radfahrer das Beispiel einer gelungenen Symbiose, einer hervorragend funktionierenden Mensch-Maschine-Schnittstelle, die die menschlichen Bewegungsmöglichkeiten ohne zusätzlichen Energieeinsatz erweitert und mit seinem hohen Wirkungsgrad in Technik und Biologie einzigartig dasteht.

Das Fahrrad erscheint geradezu als Aggregat der Vervollkommnung der menschlichen Bewegungsorgane.

„Die Familie Stein fährt schon ganz fein –

– die Familie Kohn versteht nichts davon." Aus dem Radfahrer-Humor 15. 10. 1888.

Fahrradverkehr

Das Fahrrad mit seinen zwei Rädern hintereinander wurde zwar in Deutschland vom Freiherrn Karl von Drais erfunden, sein Durchbruch scheiterte aber hierzulande unter anderem an den schlechten Straßen, die entweder staubig und zerfurcht oder lehmig und morastig-weich waren. Bessere Straßen gab es in Frankreich und England. Frankreich übertraf im 19. Jahrhundert seine europäischen Nachbarländer im Straßenbau um vieles (Fürst 1924, S.13). In dem Land der großen politischen Umwälzungen fand auch die „Revolution der Straße" statt (Léon S.181). Paris war die erste Großstadt mit asphaltierten Straßen, die die Velocipedfahrer dem holprigen Pflaster vorzogen. Die Staats-Chausseen in Preußen dagegen waren 1816 circa 300 und 1842 circa 1.300 Meilen lang. Erst 1876 gab es circa 65.000 und 1900 bereits circa 96.000 Kilometer Staatsstraßen (Feuchtinger S.33). Der unterschiedliche Ausbaustand des Straßennetzes war mit ein Grund, warum das Fahrradfahren erst in Frankreich, dann in England und später in Deutschland Freunde fand.

Nicht nur die schlechten Straßen erschwerten das Radeln. Kaum waren die ersten Laufräder in den Städten aufgetaucht, wurden sie auch bald verboten. In Mailand existierte bereits im Jahre 1818 eine Polizeiverordnung mit totalem Fahrverbot für diese neue Erfindung. In Köln verbot eine Polizeiverordnung von 1869, die bis 1894 Gültigkeit hatte, bei Strafe das Reiten auf Velocipeden auf allen öffentlichen Straßen und Plätzen (Schumacher S.479).

Die Welt gewöhnte sich in einem halben Jahrhundert etwas an die Zweiräder, doch als in den siebziger und achtziger Jahren des vorigen Jahrhunderts das Hochradfahren Mode wurde, war das vielen zu gefährlich. Verbote sollten nicht nur die todesmutigen Bicycle-Fahrer aus schwindelnder Höhe auf den Erdboden zurückbringen, sondern – viel wichtiger – die ängstlichen, aber neugierigen Fußgänger schützen. Das promenierende Volk brachte wenig Verständnis auf für die sportlichen Jünglinge, die wahrscheinlich ihren ersten Geschwindigkeitsrausch auf dem Hochrad erlebten. Allgemein wurde diese neue Kunst damals als eine höchst eigentümliche und überflüssige Beschäftigung beurteilt.

Das Niederrad hätte übrigens seinen Siegeszug 1885/6 gegen das Hochrad nicht antreten können, wenn der Fahrradbauer John Kemp Starley nicht die Polizei genarrt hätte: Das großartig angekündigte Wettrennen mit dem ersten Niederrad fand an einem anderen Platz als angekündigt statt, und während die Ordnungshüter warteten, um das Rennen zu verbieten, fuhr das Niederrad bereits seinen ersten Rekord (Rauck u. a. S.69).

Die Idee vom Radfahren wurde immer mehr Realität, das Niederrad immer besser, und seine Freunde waren kaum noch aufzuhalten, es zu einem Massenverkehrsmittel werden zu lassen. Doch die Behörden stellten sich der Verbreitung des Fahrrades wieder in den Weg. Nicht nur die Stolpersteine auf den von Fuhrwerken ausgefahrenen Wegen, sondern auch der Amtsschimmel hinderten das Fahrrad an seinem schnellen Lauf.

Wer auf dem Fahrradsattel saß, war kein gleichberechtigter Verkehrsteilnehmer. Mit allen nur denkbaren Schikanen bedachten die Ordnungshüter diese Mode. Und die Bevölkerung teilte sich – ähnlich wie heute bei Tempo 100 – in Fahrrad-Befürworter und -Gegner.

Schlechte Straßen erschwerten das Radeln.

Das Königreich Württemberg regelte den Fahrradverkehr als erstes Land bereits 1888. Eine „Polizeiverordnung betreffend das Fahren mit Fahrrädern" erließ der Oberpräsident von Westfalen mit 12 Paragraphen 1893. Entsprechendes wurde in Baden zwei Jahre später verordnet, und das Königreich Bayern erließ seine Vorschriften für den Radfahrverkehr 1898.

In der 1893 für Sachsen erlassenen Radfahrerverordnung werden die Radfahrer zum ersten Mal vor ungebührlichen Belästigungen geschützt, aber andererseits mußte jedes Fahrrad ein Schild mit Namen, Stand und Adresse des Fahrers tragen.

Wichtigste Punkte waren in jeder Verordnung die Vorfahrtsregeln, das Warnzeichengeben mit einer Glocke, einem Nebelhorn oder einer Signalpfeife sowie die Beleuchtung und die Bremse. Wer weicht vor wem aus? Selten hatten die Radler die gleichen Rechte wie Fuhrwerke und Fußgänger. Genauer Regelung bedurfte auch das Überholen. Es sollte jedesmal die Glocke betätigt werden. Unter den Radfahrern wurde aber der auch heute noch gültige Ratschlag gegeben, darauf zu verzichten, denn „beim Überholen von Fußgängern pflegt das Glockensignal die Folge zu haben, daß der Fußgänger die krampfhaftesten Anstrengungen macht, in das Rad hineinzulaufen" (Salvisberg S. 174).

Im ausgehenden 19. Jahrhundert gab es immer noch Städte, in denen der Radfahrer absteigen und schieben mußte. Das wurde allerdings mit Spott so kommen-

Jeder Radfahrer mußte sich bei der Polizei anmelden.

tiert: „*Ganz besonders schwer ist die Einbuße des Schuhmachergewerbes, da man sich zum Radfahren der niedrigen, um geringen Preis fertig käuflichen Strandschuhe bedient, die zudem auf den Pedalen äußerst langsam abgenutzt werden. In Deutschland greift die hohe Polizei diesem notleidenden Stande unter die Arme, indem sie die Radfahrer in väterlicher Fürsorge alle paar Kilometer zwingt, ihre Maschinen zu schieben und das leichte Schuhwerk auf dem schlechten Pflaster zu zerreißen.*" (Bertz S.199)

Nicht ohne Regelung blieb auch das Fahren in der Nacht. In Bayreuth durfte bei Dunkelheit nur mit „fortwährend tönender Glocke" gefahren werden (Salvisberg S.172), in Breslau wurde das nächtliche Radfahren verboten, bis 1899 das Reichsgericht zu dem Urteil kam, daß im ganzen Land jedes in Bewegung befindliche, also auch geschobene, Fahrrad bei Dunkelheit mit einer brennenden Lampe versehen sein mußte.

Über eine Besteuerung der Fahrräder wurde zwar bei den ersten erlassenen Fahrradverordnungen nachgedacht, auf sie aber

Der Henriettenplatz in Halensee um 1900.

dann doch verzichtet. Erst seit dem Ersten Weltkrieg mußte für Fahrräder mit einer besonderen Ausstattung eine einmalige Luxussteuer gezahlt werden. 1926 wurde sie wieder fallengelassen, da sich die Einsicht durchsetzte, daß es sich beim Fahrrad wirklich um ein Volksbeförderungsmittel handelte. In Holland und in der Schweiz dagegen wurde jedes Fahrrad besteuert.

Alles wurde von den Radfahrern ertragen, nur die Hundeplage nicht. Die Dorfköter fühlten sich durch jedes Fahrrad genötigt, kläffend hinter den sich drehenden Speichen herzulaufen und wenn möglich den Fahrer in die Waden zu zwacken. „Hundebomben" hieß die Erlösung. Es waren Platzpatronen, die am Lenker befestigt, mit einer Hand gezündet und dem Hund vor die Schnauze geworfen wurden. Das Ergebnis dieser Selbsthilfe konnte eine Anzeige sein.

Um solche oder auch andere radfahrende Übeltäter bestrafen zu können, sah die Polizeiverordnung von 1893 in Brandenburg – aber nicht nur dort – vor, daß jeder Radler eine Radfahrkarte bei sich haben und sie auf Verlangen vorzeigen mußte. Als ein Radfahrer ohne vorschriftsmäßige Radfahrkarte angetroffen wurde, endete das so: „*Er wurde vom Schöffengericht und in der Berufungsinstanz von der Strafkammer des Landgerichts bestraft. Er legte die Revision ein und machte geltend, daß die Polizeiverordnung nicht rechtsgiltig sei, da sie den durch die Reichsgesetze gewährleisteten freien Verkehr im Lande beschränke. Er behauptete auch, daß die Polizeiverordnung nicht zweckmäßig sei und daß sich eine Kontrolle der Radfahrer in anderer Weise besser ausüben lasse. Das Kammergericht hat diese Einwendungen für bedeutungslos erachtet und die Polizeiverordnung für rechtsgiltig erachtet.*" (Schumacher S.484)

Es ist schon sehr kurios, wenn Radfahrer nur wegen des Fehlens ihrer Radfahrkarte bestraft wurden. Aber noch unglaublicher ist es, daß Radfahrer in Nachbarbezirken, für die sie keine Karte hatten, absteigen und schieben mußten, wenn sie nicht ebenfalls mit einer Bestrafung rechnen wollten. Größere Radtouren wurden so fast unmöglich gemacht.

Die Fahrradverbände forderten daher vehement landes- oder reichseinheitliche Radfahrverordnungen. Die Rechtsschutzkommission des Deutschen Radfahrerbundes überbrachte der Regierung aus diesem Grunde 1896 den Entwurf einer Fahrradordnung für den preußischen Staat (Salvisberg S.130).

Der Zwang, sich als radelnder Verkehrsteilnehmer bei der Behörde zu melden, wurde 1922 generell aufgehoben. Ab 1926 gab es keine Polizeiverordnungen speziell für die Radfahrer mehr. Für den Verkehr im gesamten Deutschen Reich galt eine einheitliche Straßenverkehrsordnung wie heute auch.

In der Reichshauptstadt Berlin hatten die Radfahrer es besonders schwer, sich und ihrem Sport Geltung zu verschaffen. Es erhob sich ein Entrüstungsschrei über die Gefährdung des Fußgängerverkehrs. Sogar die Obrigkeit erließ scharfe Proteste, jeder Straßenübergang sei „eine ernste Lebensbedrohung geworden" (Deutsche Sozialgeschichte S.365). Also wurde das Radfahren auf den Straßen der inneren Stadt total verboten. Die Radler mußten ihre stolz erworbenen

Erste Berliner Radfahrkarte von 1899.

Maschinen vor die Tore Berlins schieben, bevor sie sie besteigen durften. Verbote konnten jedoch den neuen Modesport nicht aufhalten. Die Zeitungen berichteten, daß auf der Charlottenburger Chaussee durch den Tiergarten, heute die Straße des 17.Juni, zahlreiche Zwei- und Dreiräder zu den Vororten fuhren.

Erst 1888 wurde das Dreiradfahren in der Stadt erlaubt, und 1896 gab es dann freie Fahrt für alle Bicyclisten. Nur die wichtigsten Berliner Straßen, wie Unter den Linden, Leipziger Straße, Friedrichstraße, Alexanderplatz sowie einige andere blieben ausgenommen. Die inzwischen recht stark gewordene Radsportgemeinde war darüber sehr verärgert, denn dieses Verbot betraf die guten, weil asphaltierten Geschäftsstraßen.

Noch 1915 schreibt der damalige Polizeipräsident Traugott von Jagow an den bedeutenden Radsportjournalisten Fredy Budzinski: *„Für die mir aus Anlaß meines 50.Geburtstages nachträglich übermittelten Glückwünsche sage ich Ihnen meinen besten Dank. Ich habe die berechtigten Wünsche der Radfahrer bisher gern erfüllt, soweit sich dies mit den Rücksichten auf den allgemeinen Ver-*

So sah der Zeichner J.A.Akermark den Henriettenplatz um die Jahrhundertwende.

Die erste Fahrradwache in Bonn.

kehr vereinigen ließ, kann mich jedoch zu einer Freigabe der Potsdamerstraße bis zur Potsdamer-Brücke für den Radfahrverkehr mit Rücksicht auf die Sicherheit der Radfahrer selbst nicht entschließen, und zwar um so weniger, als infolge der Sperrung dieses stark überlasteten Straßenteils nur kurze Umwege erforderlich sind, die gegenüber den Gefahren für Radfahrer und Fußgänger nicht ins Gewicht fallen." Ein schönes Beispiel für die ungleiche Behandlung der Verkehrsteilnehmer unter dem Deckmantel „Sicherheit". Noch 1927 berichtet der Radverkehrsexperte Henneking aus Magdeburg von Städten, in denen das Rad an bestimmten Verkehrsstellen geschoben werden mußte.

Radfahrermetropolen dagegen waren Amsterdam und Kopenhagen. Für Amalie Rother war um die Jahrhundertwende Kopenhagen „die radfahrendste Stadt", die sie je gesehen hatte (Salvisberg S.120). Und Kurt Tucholsky erzählt: „Kopenhagen, wie männiglich bekannt, ist die Stadt der Fahrräder; es soll Kopenhagener geben, die keines besitzen, aber das glaube ich nicht. Wenn die Kinder anderswo zur Welt kommen, schreien sie – in Kopenhagen klingeln sie auf einer Fahrradklingel. So viele Fahrräder gibt es da ... In Kopenhagen kann man sich für sein Fahrrad Luft kaufen. Wie bitte? Luft kaufen, ganz richtig. Der Fahrradmann geht an eine automatische Pumpe, wirft fünf Öre hinein und pumpt sein Rad voll." (Riha S.51f)

Noch gegen Ende der zwanziger Jahre wird von dem gigantischen Kopenhagener Radfahrverkehr berichtet, der zu einzelnen Stunden in „gewaltigen Wellen heranbraust" (Henneking S.73). 1934 wurden in der „Stadt der Radfahrer" 610.000 Einwohner und 450.000 Fahrräder gezählt.

Aus Kopenhagen kam auch die Idee mit den „Radwachen". Es waren die ersten bewachten Parkplätze, wie sie später für den Autoverkehr selbstverständlich wurden. In Deutschland richtete Bonn 1926 als erste Stadt Aufbewahrungsstellen für Fahrräder ein. Gegen eine geringe Gebühr – heute nennen wir es Parkgroschen – war das dringend benötigte Verkehrsmittel während der Arbeit oder bei Besorgungen wohl verwahrt.

Die Anhänger des Radfahrens forderten ab 1890 aus Gründen der Unfallgefahr und der schlechten Straßenzustände eigene Radfahrwege. Sie sollten, wie die Reitwege früher auch, extra angelegt werden und nur für die Pedalritter da sein. Nachbarländer gingen bereits mit gutem Beispiel voran. In Deutschland dagegen wurde das Radfahren noch um die Jahrhundertwende vom großen Publikum als Unfug abgetan, und die Forderung nach Radfahrwegen war in seinen Augen eine „unerhörte Anmaßung" (Henneking S.15).

Das Fahrrad entwickelte sich vom Sportgerät zum Erholungsgerät und Verkehrsmittel. Es wurde am Wochenende von den Ausflüglern und werktags von

Radfahrwege für die Sicherheit.

Den Radfahrern gehört in den zwanziger Jahren die Straße.

den Arbeitern benutzt. Es unterstützte die räumliche Trennung von Arbeitsstätte und Wohnung dort, wo es keine Straßen- oder Eisenbahnen gab, die die Werktätigen in die Vororte oder benachbarten Dörfer brachten.

Der erste Radfahrweg wurde 1898 in Hannover mit 2,5 Kilometern Länge durch den Stadtwald Eilenriede vom Zoologischen Garten zum Pferdeturm gebaut. Die Reichshauptstadt Berlin dagegen legte erst Mitte der zwanziger Jahre einen Radweg durch den Tiergarten an und baute später den Opelweg durch den Grunewald.

In Magdeburg griffen die vielen Radler zur Selbsthilfe. Sie gründeten bereits 1899 einen Radwegeverein, der die benötigten Wege in Selbsthilfe schuf. Wer die Vereins-Radwege benutzen wollte, mußte sich für eine Reichsmark den sogenannten Jahresring kaufen und ihn sichtbar am Steuerrohr befestigen. Der Vereinsbeitrag kann auch als geringe freiwillige Fahrradsteuer angesehen werden, die zweckgebunden ausgegeben wurde.

Die Idee traf genau die Bedürfnisse der Radler, so daß sich die Mitgliederzahlen ständig verdoppelten: Aus 500 im Gründungsjahr wurden in 30 Jahren 55.000 Mitglieder. Der Erfolg der Organisation beruhte auf ihren Leistungen. Das Magdeburger Radwegenetz war die Visitenkarte des Radwegevereins. Es umfaßte rund 400 Kilometer, die ständig überwacht und unterhalten wurden. Dieses zusammenhängende Radwegenetz hat Magdeburg in Deutschland als Stadt der Radfahrer bekannt gemacht, und bei der ersten Reichsradverkehrszählung 1937 lag die Stadt mit 16.000 einsam an der Spitze.

Auch in anderen Städten wurden Vereine zur Schaffung von Radfahrwegen gegründet. Als Dachorganisation für diese vielen Radwegefördervereine richtete der Verein Deutscher Fahrrad-Industrieller 1926 in Berlin eine Zentralstelle für Radfahrwege ein. Ihr schlossen sich in kurzer Zeit knapp 200 örtliche Vereine und Ausschüsse an. Sie setzte sich beim Reichsarbeitsmi-

Die Pedaltreter fahren – gestern wie heute – wo sie wollen.

So sah es 1936 vor dem Mannheimer Fußballstadion aus.

nister dafür ein, daß Radfahrwege als Notstandsarbeit zur Ar-
beitsbeschaffung per Verfügung
im Jahre 1929 anerkannt wurden. Wenig Baumaterial und un-
qualifizierte Arbeitskräfte reichten aus, viele Kilometer Radwege
zu bauen.

Der Radverkehr wurde immer
stärker. In Hamburg zum Beispiel wurden an der Alster 1934
an einem Werktag über 10.000
Radler gezählt, wo noch zehn
Jahre zuvor nur knapp 500 vor-

beigefahren waren (Schacht
1936 S.11). Inzwischen machte
sich die Meinung breit, daß der
Radfahrer vor den Gefahren und
Belästigungen der Straße zu
schützen sei. Der Sinneswandel
hatte zwei Gründe: Wer etwas für
die Radfahrer tat, hatte inzwischen die Mehrheit der Bevölkerung auf seiner Seite. Der Preußische Landtag beschloß denn
auch 1929 die Förderung des
Radwegebaus. Und zweitens war
der Radfahrer nicht mehr der
schnellste auf den Straßen, da er
immer öfter und immer rasanter
von den Automobilen überholt
wurde. Verkehrsunfälle zwischen
Rad- und Autofahrern häuften
sich. Wie heute noch war das
Fahrrad das schwächste Verkehrsmittel. In Baden waren
1930 bei 23 Prozent und in Bayern bei 32 Prozent der Verkehrsunfälle Radfahrer beteiligt.

Trotz der zunehmenden Motorisierung des Verkehrs war der

Bei den Anfängen des Automobilverkehrs
blieb der Radfahrer auf der Strecke.

In der Berliner City verdrängen Autos die
Fahrräder, 1928.

Radfahrer der zahlenmäßig
Überlegene. Eine erste Verkehrszählung in Sachsen von 1929
brachte es auf über 500.000 Radler und nur knapp 60.000 Motor-
fahrer.

Auf Initiative des Generalin-
spektors für das deutsche Straßenwesen, Fritz Todt, in dessen
Verantwortung der gesamte
Reichsstraßenbau lag, wurde im
August 1934 die Zentralstelle für
Radfahrwege durch die Reichsgemeinschaft für Radwegebau abgelöst. Todt, bekannt als „Vater
der Reichsautobahn", stattete
2.500 Kilometer der Reichsstra-
ßen in kurzer Zeit mit vorbild-

Der Berliner hatte es auch 1935 nicht
leicht, mit dem Rad über die Kreuzung
Hardenberg-Ecke Joachimstaler Straße
zu kommen.

Das Volksverkehrsmittel Nummer eins
1935.

lichen Radfahrwegen aus. Hinter
ihm stand Hermann Göring mit
Worten wie: „Der Ausbau der
Radfahrwege ist mit Nachdruck
zu fördern. Sie erschließen un-
zähligen Volksgenossen die
Schönheiten der deutschen Hei-
mat. Sie sichern ihnen schnelle
und gefahrenlose Beförderungs-
möglichkeiten zur Wohn- und
Arbeitsstätte, zur Erholung bei
Sport und Spiel und zur Teil-
nahme an Veranstaltungen, die
der Gemeinschaft dienen."
(Schacht 1939 S.5)

Der Generalinspektor sorgte
auch für die Förderung des Radwegebaus in den Gemeinden und
stellte Sondermittel zur Verfügung. „Der Verkehr mit Fahrrädern gehört zum Gemeinge-
brauch der Wege und hat schon
allein damit den gleichen Anspruch auf ausreichende Betreu-
ung wie jede andere Verkehrsart.

Soziale Rücksichten verpflichten
gerade dieser Verkehrsart gegenüber sogar zu erhöhter Fürsorge", schreibt Todt 1935 an alle
Länder und Provinzen. Selbst
der Internationale Straßenkon-
greß 1938 empfiehlt in seinen
Schlußfolgerungen den Radwegebau durch Parks in der Umgebung größerer Städte und zur

Auf dem Radfahrweg herrschte immer re-
ger Verkehr.

Arbeiter vor Schichtbeginn am Hamburger Elbtunnel, 1954.

Verbindung zwischen den Stadtvierteln.

Zur selben Zeit erkannte der Reichsarbeitsminister den Radwegebau als öffentliche Notstandsarbeit an, die aus den Mitteln der Reichsanstalt für Arbeitsvermittlung und Arbeitslosenversicherung im Rahmen der wertschaffenden Arbeitslosenfürsorge gefördert wurde. So wurde die Reichsgemeinschaft für Radwegebau der Deutschen Arbeitsfront, der DAF, angegliedert.

Ende der dreißiger Jahre zählte die Reichsgemeinschaft für Radwegebau 8.600 Kilometer Radwege und Radfahrstreifen. Mehr als die Hälfte davon wurde unter nationalsozialistischer Herrschaft gebaut.

Mehr Wege ergaben auch gleichzeitig mehr Verkehr. Diese

Die Situation – hier 1954 – hat sich bis heute nicht geändert, wohl aber die den Radfahrer umgebenden Blechkleider.

alte Tatsache bewahrheitete sich bis heute bei jedem Autobahnkilometer.

Die erste großangelegte Verkehrszählung 1937, an der sich knapp 300 Städte beteiligten, dokumentiert den ungeheuren Aufschwung des Radfahrens bei gleichzeitig steigender Motorisierung des Verkehrs. Das Fahrrad war das Volksfahrzeug Nummer eins.

Diese erste „Reichsradverkehrszählung" teilte den Fahrradverkehr in Werktags- und Sonntagsverkehr auf. Berlin zählte zum Beispiel 290.000 Radfahrer an neun Wochentagen und 190.000 an zwei Sonntagen. Das Fahrrad war zwar Beförderungsmittel der Arbeitenden, muß aber auch einen extrem hohen Freizeitwert gehabt haben. So wie heute die Blechlawinen aus Autos am Wochenende über die Straßen rollen, surrten damals leise die Drahtspeichenräder ununterbrochen über die Wege. Nie wieder erreichte die „Fahrradisierung" der Bevölkerung ähnliche Ausmaße wie vor dem Zweiten Weltkrieg.

Anfang der sechziger Jahre fuhren in München 6, Hamburg 7, Frankfurt 10, Hannover und Duisburg je 20 Prozent der Berufstätigen mit dem Fahrrad zur Arbeit (Voigt S. 683). Also – je größer die Stadt, um so weniger Arbeitnehmer radelten. Und das, obwohl Hamburg, Frankfurt, Hannover, Duisburg und Bremen im Radwegebau führende Städte waren und immer noch sind (Lessing S. 173).

Die heute in Personenkilometern gemessene Verkehrsleistung zeigt, daß die Bedeutung des Fahrrades an vorletzter Stelle liegt. Lediglich der Anteil im Flugverkehr ist noch niedriger. Zählt man nur die Benutzer des Verkehrsmittels, so liegt das Fahrrad vor Eisenbahn und Flugzeug. 1982 fuhren nur sechs Prozent mit dem Fahrrad zur Arbeit. Kein Wunder, denn der Radweg zwischen großangelegten Fußgängerzonen, Stadtautobahnen und Umgehungsstraßen ist schmal geworden, soweit er überhaupt da ist. Auch die Bemühungen der Radfahrerverbände, der Verkehrsplaner und der Stadtpolitiker im zurückliegenden Jahrzehnt haben die Bedingungen für das Radfahren nicht verbessert, sondern höchstens weitere Benachteiligungen verhindert.

Das Kleinverkehrsmittel Fahrrad ist abgetreten aus dem Kampf „wem gehört die Straße". Es gehört zwar wie Kühlschrank und Fernseher zur Grundausstattung eines bundesdeutschen Haushalts, wird aber nur selten

Bei Gegenwind und Regen fuhren sie 1954 über den Rhein.

öffentlich vorgeführt. Und wenn doch, wird die Fahrt zu einem Hindernisrennen. Wer abgespannt aus dem Büro nach Hause fährt, riskiert sein Leben. Nur wachsame Radfahrer mit bestem Reaktionsvermögen dürfen sich auf zwei Rädern in den Feierabendverkehr wagen. Die neueste Forderung nach dem Schutzhelm für Radfahrer wird die Sicherheit nicht erhöhen.

Auf dem Fahrrad in die Zeit des Wirtschaftswunders.

Frau und Fahrrad

Die Frau fährt Rad? Heutzutage ist das keine Frage mehr, eher eine belanglose Selbstverständlichkeit. Als das Radfahren jedoch vor einem Jahrhundert Mode wurde, löste die Dame auf dem Rad Entsetzen aus – egal bei welchem Geschlecht. Noch 1891 berichtet der „Radmarkt" über einen Bischof, der das Frauenradfahren mit einer alten Frau,

Frei und modern radelt die Fahrrad-Amazone hinaus; Gemälde von G.Delbrück 1896.

die einen Besenstiel reitet, vergleicht. Aber auch zeitgenössischere Vergleiche wurden gezogen: *„Es ist der Anfang einer widernatürlichen Gleichmacherei... Wie der Dichter sagt, da werden Weiber zu Hyänen, wie in Paris, beim Aufstand der Kommune."* (Timm S.133) Und Frauen, die das Radfahren für sich verteidigten, erinnerten diesen erbitterten Gegner des Radfahrens *„an bestimmte Frauen in Paris, die Zigarren rauchend hinter den Barrikaden gesessen hätten, um seelenruhig mit der Glut ihrer Zigarren die Lunten jener Kanonen anzuzünden, die auf Regierungssoldaten feuerten"* (Timm S.137). Die „Pionierinnen" des Frauenradfahrens bestiegen denn auch als Knaben verkleidet das

Rad in der Öffentlichkeit (Rother S.112). Besonders das Lernen war schwierig. „Schickte" es sich schon nicht, auf dem Fahrrad zu sitzen, so vermieden es die Anfängerinnen, sich bei den ersten wackligen Versuchen oder sogar Stürzen dem Gespött der Leute offen auszusetzen. Daher liegen auf dem Entwicklungsweg des Fahrrades auch die Ursprünge der Fahrschulen, damals auch Fahrsäle genannt.

Was erzürnte denn nun eigentlich die Gemüter, wenn eine Frau ein Rad bestieg? Das große Problem war zu damaliger Zeit die Kleiderordnung. Hosen – heute eine Selbstverständlichkeit für jede Frau – waren im 19.Jahrhundert tabu für die weibliche Garderobe. Die Dame trug Röcke – und zwar mehrere gleichzeitig übereinander. Damit ließ sich in der Tat schlecht radfahren. Also wurde über den Umweg des Fahrrades die seit vielen Jahrhunderten festgefügte Sitte, daß die Männer die Hosen anhaben, ins Wanken gebracht.

Englisches Damen-Laufrad von Denis Johnson; Holzstich von Maurice Rousseau, 1819.

Erst Ende des 19.Jahrhunderts wurde das Damenradfahren populär. Die Frauen ließen sich Zeit mit „ihrer" Eroberung dieses Verkehrsmittels, das für Unabhängigkeit, Schnelligkeit und Freiheit stand. Doch schon ganz am Anfang der Zweiradgeschichte dachten die Herren Erfinder auch an die Damen: Denis Johnson, der als erster in England Zweiräder nach Patenten

Mit dem Rock auf dem Velociped fährt es sich gefährlich, um 1870.

von Drais baute (Hobby Horses), entwarf für die bessere Gesellschaft bereits 1819 ein Damenlaufrad. Es ist das erste Fahrzeug mit freiem Durchtritt, wie es später bei den Motorrollern so modern wurde. In beiden Fällen sind die Röcke der Grund für diese Konstruktionen, die technisch sehr fragwürdig erscheinen. Das Johnson-Damenlaufrad aus Holz und Eisen ist bei weitem nicht so stabil wie jedes andere Laufrad von damals. Es erweckt den Eindruck eines Spielzeugs für den Park und nicht den eines Fortbewegungsmittels.

Als nach den Laufmaschinen die Michaulinen gefahren wurden, gab es für die Frauen keine Sonderkonstruktion. Ob die Damen diese schweren und unhandlichen Zweiräder bestiegen haben, ist fraglich. Es existieren sehr witzige Zeichungen über das Velocipedfahren, die aber eher abschreckend wirkten als zur

Das erste Damenradrennen 1868 in Bordeaux; Holzstich von G.Durand.

Nachahmung anregten. Die wenigen, die es gewagt haben, waren wohl Französinnen, denen schon immer etwas mehr Mut nachgesagt wurde.

Das Hochrad kam in Mode, und für die Frau wurde es noch schwieriger, Rad zu fahren. Wie sollte sie es im Rock besteigen, wenn doch die Männer schon die größten Schwierigkeiten hatten, auf zwei Meter Höhe zu klettern und dort auch noch das Gleichgewicht zu halten? Naturgemäß war das Hochrad der Frau so gut wie ganz verschlossen (Rother, S.112). In seiner Legende über den Großonkel Schröder erzählt Uwe Timm, dieser hätte in England nur einmal eine Frau auf einem Hochrad gesehen. *„Sie saß in einem Damensattel, also mit beiden Beinen auf einer Seite, schräg und trat ein kleines Brettchen wie eine Nähmaschine, das über eine Schwungachse das Vorderrad antrieb."* (Timm S.66) Der Beschreibung nach war es ein vom Nähmaschinenhersteller Starley entwickeltes Ariel-Damenrad. Die ehrgeizigen Frauen ließen sich aber auch nicht vom normalen Hochrad fernhalten: Einige verkleideten sich als Jünglinge, so daß das Aufsehen nicht gar so groß war, wenn sie rittlings das hohe Rad bestiegen. Die Zeitschrift „Das Velociped" aus München bringt 1882 erste Meldungen über deutsche Hochradfahrerinnen. Uwe Timm schildert uns, wie eine Hofdame als erste Coburgerin das Hochrad bändigt: *„Er bewunderte den Einsatz, den Mut und die Begeisterung dieser Frau, die als Mann verkleidet das Rad bestieg, so energisch, daß sie kopfüber hinuntergeschossen wäre, hätte Schröder sich nicht mit aller Kraft dagegen gestemmt."* Als Schröders eigene Frau, die ihren Busen nicht unter einer Herrenjacke verbergen konnte, ebenfalls den Traum vom Hochradfahren verwirklichen wollte, hielt er ihr entgegen, daß der

77

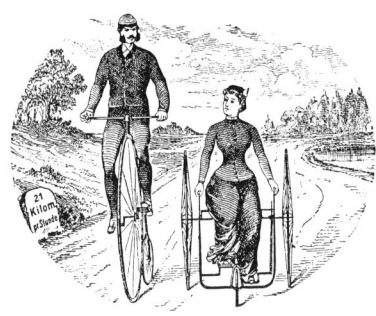

Das sichere Otto-Dicycle für sie, das majestätische Hochrad für ihn, 1886.

Rock das nun mal verhindere. *„Dann muß man eben den Rock abschaffen"*, war ihr entschiedener Spruch, der später noch oft zitiert wurde.

Als die Herren Hochrad fuhren, überlegte die Fahrradindustrie, wie auch die Damen als Kunden anzusprechen wären. Das Ergebnis waren neue Konstruktionen, die sicherer und komfortabler als die Hochräder waren, dafür aber auch nicht so leicht und schnell. Eine sehr bekannte ist das Otto-Safety-Bicycle, das 1879 in London vorgestellt wurde. Es besteht statt aus einem großen und einem kleinen Rad aus zwei großen Rädern, zwischen denen der Sitz angebracht ist. Ein Kopfsturz war ziemlich unmöglich, und die Rockfreiheit der Frauen blieb unangetastet. Beim Fahren guckte nur die Schuhspitze unter dem Stoff vor. Nach ähnlichem Muster wurden auch Drei- und Vierräder (Tricycles und Quadrocycles) mit einem oder zwei Sitzen hergestellt. Die Modellvielfalt war großartig. Jede Fahrradfabrik versuchte etwas Neues. Die Dreiräder waren in der Angebotspalette stets die

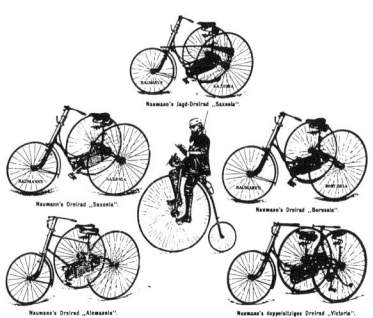

Das Angebot von Seidel & Naumann, 1890.

teuersten. Frauen, die sich solch ein Gefährt zulegten, gehörten zur Aristokratie oder zum neuen gehobenen Bürgertum.

Tricycle fahren war eine Zeitlang richtig schick. Damit ließen sich zum ersten Mal Ausflüge ohne die Anstandsdame oder den Kutscher auf dem Wagen unternehmen. So manches gut behütete Mädchen setzte sich lieber im Freien auf das Dreirad als in der guten Stube vor das Klavier. Vor der Anschaffung des guten Stücks wurde nicht vergessen, den Hausarzt zu Rate zu ziehen. Ein damals fortschrittlicher Arzt schreibt: *„Mangel an genügender Bewegung des Körpers in frischer, sauerstoffreicher Luft und behinderte Atmung in derselben sind meiner Ansicht nach zwei Hauptursachen des häufigen Vorkommens der Bleichsucht.*

Die Männerwelt war entrüstet, wie ihr die Frau davonfuhr.

Wie dankbar können wir da einem gütigen Geschick sein, daß es uns in dem Fahrrad einen mächtigen Heilfaktor gegeben hat, der, wie kein zweiter geeignet ist, unsere Mädchen- und Frauenwelt ganz umzuwandeln und ihnen eine Gesundheit und Kraft zu verleihen, von denen sie sich früher nichts haben träumen lassen!" (Fressel 1897 S.41f) Das Fahrrad ist also das beste Mittel, die „Gesundheit des Weibes" zu heben.

Doch zur selben Zeit halten die Gegner des Frauenradfahrens nicht zurück mit ihren Vorurteilen. In ihrer Phantasie hat der neue Sport etwas Anrüchiges: *„Es kann keinem Zweifel unterliegen, daß, wenn die betreffenden Individuen es wollen, kaum*

Rollentausch 1901 in Amerika: Er hat Waschtag, sie geht radeln.

eine Gelegenheit zu vielfacher und unauffälliger Masturbation so geeignet ist, wie sie beim Radfahren sich darbietet. Wenn man, was vorgekommen ist, ganz absieht von denjenigen Fällen, in denen der Sattel in ganz besonderer Absicht mit einem nach oben gekrümmten Vorderteil versehen wurde, so bietet auch sonst der Sitz, rittlings mit ausgespreizten Schenkeln, ausreichende Möglichkeit, solchem Hange nachzugehen." (Mendelsohn)

Die radfahrenden Damen hielten nach der Umfrage eines Gynäkologen solche Vermutungen für Quatsch. Stattdessen wirke sich das Radfahren positiv aus bei den üblichen Frauenleiden.

Dagegen wurden von den Anhängern des Velocipedsports die Vorzüge sogar für die gesellschaftliche Rolle der Frau gepriesen. Bei Emile Zola liest sich das so: „Sehen Sie die großen Mädchen, die am Rockzipfel der Mütter erzogen werden! Vor allem macht man ihnen Angst, man verbietet ihnen jede eigene Entschlußkraft und übt weder ihren Verstand noch ihren Willen, so daß sie nicht einmal eine Straße überqueren können, so sehr lähmt sie der Gedanke an die Hindernisse! Setzen Sie ein ganz junges Mädchen auf ein Rad und lassen Sie es losfahren: es muß die Augen offenhalten, um den Stein zu sehen und ihm auszuweichen sowie im rechten Augenblick nach der richtigen Seite abzubiegen. Ein Wagen kommt schnell angefahren, irgendeine Gefahr tritt auf, und sogleich muß es einen Entschluß fassen, muß die Lenkstange mit fester, besonnener Hand führen, wenn es nicht zum Krüppel werden will...Kurz, liegt darin nicht eine fortgesetzte Schulung des Willens, ein wunderbarer Unterricht in Verhalten und Verteidigung?" (Riha S.15f)

Auch die Frauen selbst, waren sie erst einmal begeisterte Velocipedistinnen, wissen nur Gutes über ihre neue Freizeitbeschäftigung zu sagen: „Welcher Kopfschmerz, welche Migräne vermag es, einer schönen Fahrt stand zu halten?" (Rother S.113) Trotzdem galt Radfahren als unweiblich und Frauen, die es trotzdem nicht lassen konnten, ernteten Mißfallen in ihrer Umgebung.

Eine der ersten Berliner Radfahrerinnen, Ida Casparis, beklagte sich 1895 über die Ärzte, welche selbst niemals ein Rad bestiegen hatten, aber das Radfahren für schädlich erklärten. Unter Frauen wurde empfohlen, sich in Radfahrangelegenheiten nur an einen Sportskollegen unter den Ärzten zu wenden.

Die ersten Niederräder, die Rover, konnten wegen ihres aufsteigenden Oberrohres wieder nicht von Frauen gefahren wer-

OTTO LANDAUER
Geschäftshaus I. Ranges für Damen-Moden.

Radfahrerinnen-Costumes

OTTO LANDAUER, Kaufingerstrasse 28, MÜNCHEN.

Pariser Rockhosen-Radfahr-Costume
"Versailles"
No. 2

VOLLSTÄNDIGES COSTUME
bestehend aus Rockhose mit einer geschlossenen Hose, chicem Sports-Eden-Jaquette, mit Seiden-Serge gefüttert, aus englischem Covert-Coating.
M. 90.—.

Im Katalog der Firma Otto Landauer aus München werden um 1895 überwiegend Röcke angeboten, denen man es nicht ansieht, daß sie eigentlich Hosen sind.

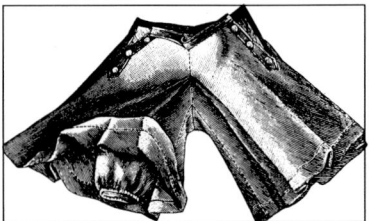

Der geteilte Beinkleid-Rock. Die Hose war 1897 immer noch dem Mann vorbehalten.

den. „Daß der Rover erheblich leichter und bequemer zu fahren war, sahen wir ja, aber er war uns verschlossen, weil wir ihn nicht im Kleid fahren konnten." (Rother S.112) Endlich kam das gewöhnliche Niederrad und kurz darauf auch das Damenrad, das keine obere Querstange hat. „Ich bin gewiß heute keine Freundin des eben so häßlichen wie unpraktischen Damenrades, aber das steht fest: Ohne diese Maschine hätte das Damenfahren nie den jetzigen Aufschwung genommen...", erzählte Amalie Rother, die erste Radfahrerin Berlins sowie Gründerin und Vorsitzende des Damen-Radfahr-Klubs in Berlin.

Ein erstes Damen-Bicyclette aus England, 1888.

Das Thema Damen-Mode nimmt in der radsportlichen Literatur des vorigen Jahrhunderts breiten Raum ein. Überwiegend die Herren meldeten sich zu Wort, wenn es darum ging, was die Frauen kleidete. Ihren Moralvorstellungen mußte sich das Aussehen der „besseren Hälften" unterordnen. Bis in die achtziger Jahre hatten sich die Frauen von Hals bis Fuß zu verhüllen. Die Füße oder gar die Beine zu zeigen galt als unanständig. Das Kostüm — heute ein alter Hut im Kleiderschrank — war die Modeneuheit Ende des 19.Jahrhunderts.

Beim Radfahren bewährte sich diese praktische Errungenschaft. Der Radfahrerin wurde allerdings geraten, sich einen langen Rock mit höchstens drei Meter Weite und fußfrei schneidern zu lassen. Einige dachten auch dar-

Radlerinnen galten als Vertreterinnen der Frauenbewegung; Stettin 1898.

über nach, den Frauen Bleiku-
geln in den Rocksaum zu nähen.
Ferner sollten die Frauen auf die
geliebten weißen Unterröcke verzichten und lieber eine Pump-
hose anziehen. Bald gab es das
Kostüm auch mit einem „geteil-
ten Beinkleid-Rock", dem ersten
Damenhosenrock. Wirklich re-
volutionär in der Damengarde-
robe waren die Bloomers, weite
Pumphosen, die zuerst von der
Amerikanerin Miss Bloomer getragen wurden (Fressel 1897). In
Deutschland setzte sich diese ein-
zig praktische Radfahrerinnen-
kleidung nur ganz allmählich
durch, da – wie dirnenhaft – so
das halbe Bein gezeigt wurde.
Die Farben dagegen blieben de-
zent: grau, braun oder dunkel-
blau.

In der ersten Blütezeit des Niederrades und mit dem Aufkom-
men der ersten Rock-Hosen war
es für die sportlicheren Damen
völlig selbstverständlich, auf
Herrenrädern zu fahren, da sie
leichter und trotzdem stabiler
waren. Viele Frauen, die es mit
dem Radfahren nicht ganz so
sportlich meinten, bevorzugten
jedoch das bequemere Damenrad, denn es wurden zumindest
1886 mehr Damenräder verkauft

(Sport im Bild S.422).

Das Radfahren brachte den gesamten Kleiderschrank der Da-
menwelt in Unordnung. Denn
wer radelte, verzichtete bald auch
aufs Korsett, das Marterinstru-
ment damaliger Schönheitside-
ale. Hatte die Frau aber erst einmal ohne ihre Korsettstangen
richtig tief Luft geholt, verzichtete sie bald ganz auf dieses Un-
getüm und genoß die leibliche
Freiheit.

Für die Bekleidungshäuser
war die Radfahrmode ein gutes
Geschäft. Frauen, die sich ein
Rad kaufen konnten, leisteten
sich gerne auch eine neue Garderobe, da sie im Blickpunkt der
Öffentlichkeit standen. 1899

So ein Hosenrock ist praktisch, auch
wenn die Dame gerade in einem ungünsti-
gen Augenblick im Bild festgehalten
wird.

Der abgerissene Zopf, Skizze von Käthe
Schönberger 1901.

wurde berichtet (Das Fahrrad
Nr.8 S.12), daß der Bedarf an fal-
schen Haaren stieg. Für Frauen,
die Brenneisen benutzten, lag
der Hauptnachteil des Radfahrens darin, daß ihre kunstvoll ge-
kräuselten Haare in Unordnung
gerieten. Daher trug manche
Dame lieber falsche Löckchen,
als daß sie sich der „Gefahr" aus-
setzte, sich bei einer im Tempo etwas flotteren Radpartie ihre
Haarpracht aufgehen zu lassen.
Wer auf Brenneisen verzichtete und die Haare ganz traditio-
nell zum Zopf geflochten trug,
war nicht unbedingt glücklicher,
wenn wir der abgebildeten Kari-
katur von Käthe Schönberger
glauben, daß beim Radfahren
der Schopf abreißt. Vielleicht
war es auch nur die Schaden-

freude der nichtradelnden Gesellschaft, die das Rad für ein ge-
fährliches Abenteuer hielt.
Zu Anfang trugen die Frauen
auch noch kunstvoll drapierte
und dekorierte Hüte beim Radeln sowie Schleier, die sehr angenehm gegen Staub, Fliegen
und Sonnenbrand sein sollten.
Das Vereins- und Clubwesen
hatte im vorigen Jahrhundert
seine Schattenseiten: Frauen waren zwar akzeptierte Gäste, aber
als ordentliche Mitglieder waren
sie nicht erwünscht. Was lag da
näher, als eigene, nämlich Frau-
envereine zu gründen, die sich
bei der Ausübung des neuen
Sports der Sorgen und Nöte der
Radfahrerinnen annahmen oder
eigene Geselligkeit pflegten? Der
Damen-Radfahr-Verein „Velo-
cia", gegründet 1890 in Dresden,

Der Damen-Radfahr-Klub „Berlin" fährt
eine Quadrille zum Stiftungsfest.

war die erste Frauenvereinigung
dieser Art in Deutschland. Auch
in England wurde in diesem Jahr
der erste Damenradfahrclub gegründet. 1894 folgte der Damen-
Radfahr-Klub Berlin, der sogar
mit Wahlrecht in den Deutschen
Radfahrer Bund aufgenommen
wurde. Insgesamt gehörten dem
Bund 1898 nur etwa 600 Frauen
an.
So wenig wie die Damen anfangs in den Vereinen ernst genommen wurden, hatten sie auch
keine Gelegenheit, in den zahlreichen Fahrrad-Zeitschriften ange-
messen zu Wort zu kommen. Also
wurden auch auf diesem Gebiet
eigene Organe gegründet: ab
1895 erschien in Augsburg und
Dresden „Draisena" und ab 1896
in Berlin „Die Radlerin".

Radfahrer-Bekleidung war auch in Berlin
um 1897 ein gutes Geschäft.

Der Sport führte, als das Radfahren aufkam, allgemein ein Schattendasein. Lediglich Reiten, Rudern und Schlittschuhlaufen hatte sich eingebürgert. Auf den Rücken der Pferde durften die Frauen selbstverständlich sitzen, aber als sie sportlich zu radeln anfingen, gab es einen Aufschrei sittlicher Entrüstung. Aber die Damen wollten nicht nur auf der Landstraße dahintrotten, sondern auch das Gefühl des Fliegens auf der Bahn genießen. Sie starteten auf der Radrennbahn Halensee zum ersten Mal: *„Wir alten Berliner Rennfahrerinnen wußten ganz genau, was wir thaten, als wir 1893 auf die Bahn hinaustraten. Wir wollten weder unsere Reize den Zuschauern präsentieren, für Mütter heranwachsender Töchter schon eine etwas schnurrige Zumutung, noch uns an den Preisen bereichern, sondern wir wollten dem Publikum zeigen, daß wir Herrinnen unserer Maschinen waren und den Damen zurufen: Hier, seht her und macht es uns nach! Beides ist uns gelungen."* (Rother S.122)

So vehement mußten sich die deutschen Frauen noch gegen Ende des 19.Jahrhunderts verteidigen, während die Französinnen bereits 1869 an dem ersten internationalen Straßenrennen

Das erste offizielle Damenwettfahren in Deutschland auf der Rennbahn in Berlin-Halensee 1893. Nur eine von den acht teilnehmenden Damen trug Sportkleidung „in Männerart", also Hosen; Holzstich nach einer Skizze von E.Hosang.

von Paris nach Rouen über 123 Kilometer teilnahmen (Gronen S.49) und eine Amerikanerin im Jahre 1895 sogar bewies, ein Sechstagerennen bestreiten zu können. Als über ein Zwölftagerennen der Damen in London, das Miß Dutrieux mit 1.264 Kilometern gewann, in Deutschland berichtet wird, heißt es: *„Englische Zeitungen werden sich hoffentlich ebenso wie deutsche gegen derartige, dem Wesen des Weibes nicht passende Gewalttouren auf dem Rade, das doch nur dem guten Sport dienen soll, aussprechen."* (Illustrirte Zeitung 1896 S.811)

Selbst ein absoluter Befürworter des allgemeinen Frauenradfahrens wie der Kurarzt Dr. med. C. Fressel aus Bad Ems nennt es eine Schaustellung, *„wenn eine*

Im Nationalsozialismus mußten die Frauen mit Hitlergruß an der Münchner Feldherrnhalle vorbeiradeln, 1937.

In den fünfziger Jahren blieb „ihr" nur das Fahrrad, wenn sie sich nicht mit hinten auf den Motorroller schwingen wollte.

Dame im leichtesten Renn-Kostüm, in rasender Fahrt, womöglich mit gelöstem Haar, über die Rennbahn dahinfährt, für den Pöbel eine Gelegenheit ‚Radau‘ zu machen und für das anständige Publikum, welches die Tribünenplätze innehat, ein Anblick des Abscheus und des Ekels!" (Fressel 1897 S.181)

Den Zwölfstunden-Damenrekord fuhr die Berlinerin Clara Beyer mit 215 Kilometern. Sie fuhr auch 1896 die Strecke Berlin-Halle in acht Stunden und 40 Minuten. Der Damen-Städterekord Berlin-Paris stand 1897 bei 12, Berlin-München bei fünf Tagen (Rother S.120).

Im Sommer 1898 fand auf der Kurfürstendammbahn ein letztes Rennen mit Damen statt, denn der Sportausschuß des Deutschen Radfahrer-Bundes hatte 1896 das Damenwettfahren verboten. Rennbahnbesitzer, die dieses Verbot ignorieren wollten, sollten boykottiert werden. Die Frauen ließen sich nicht so ganz aus der Männerdomäne Rennsport herausdrängen. In Dänemark, wo sich das Radfahren sehr schnell großer Beliebtheit erfreute, gelang es Ende des vorigen Jahrhunderts Susanne Lindberg, den bestehenden Rekord im Straßenfahren zu brechen. Sie fuhr 1.000 Kilometer in 54 Stunden und 30 Minuten und war damit zwei Stunden 50 Minuten schneller als der damalige Rekordhalter. Die Dänin setzte die ganze Sportwelt in Erstaunen (Fressel 1900 S.22).

„Von gewisser Seite wird es hin und wieder heute noch als Frauensport in Bausch und Bogen abgelehnt. Natürlich soll es keine weiblichen Rennfahrer geben." (Schacht 1939 S.19) Es dauerte mehr als ein halbes Jahrhundert, bis in Deutschland die Frauen wieder „im Rennen" waren.

So sehr das Rad für die Frau im vorigen Jahrhundert auch angefeindet und verdammt wurde, so sehr wurde das Rad in unserem Jahrhundert zum Verkehrsmittel der Frau. In den fünfziger Jahren, als die Massenmotorisierung begann, fuhr die Frau immer noch per Fahrrad zur Arbeit oder zum Einkaufen. Das motorisierte Gefährt war den Männern vorbehalten und für zwei Benzinfahrzeuge reichte es noch nicht. Erst mit dem Zweitwagen in den siebziger Jahren schob auch die Frau ihr Rad in den Keller. Zehn Jahre später, als eine neue Blütezeit des Fahrradwesens anbrach, holte sie es wieder hervor oder leistete sich ein schickes Rad aus Aluminium.

Maria Borgmann

Das Fahrradplakat um 1900

Das „Fin de siècle" – einerseits kulturphilosophisch und künstlerisch überhöhtes Ende des 19.Jahrhunderts, andererseits eine Zeit der sozialen und politischen Konfrontationen – bildete wie alle Jahrhundertwenden einen fließenden Übergang in ein neues Zeitalter. Allen Endzeitrufen zum Trotz stellte das Jahrhundertende in vielfacher Beziehung ein brodelndes Konglomerat von technischen Entwicklungen und gesellschaftlichen Umorientierungen dar, ohne die unsere heutige Zeit nicht denkbar wäre.

Seit der Erfindung des Freiherrn von Drais 1816 war ein Dreivierteljahrhundert vergangen, bis in Starleys Niederrad mit Dunlops Luftbereifung in den achtziger Jahren des 19.Jahrhunderts das erste Individualverkehrsmittel für den Massenverkehr zur Verfügung stand. Geniale Erfindung der Menschheit – keine natürliche und technische Fortbewegung verlangt weniger Energie als das Radfahren –, hat es Millionen Menschen eine vorher ungeahnte Freizügigkeit gegeben. *„Wenige Artikel, die der*

Die Radlerin als „erleuchtende" (Hermes ähnliche) Götterbotin? Die allegorische Verbrämung zeigt starke Assoziationen zur Sicht der Frau als dämonisches Wesen. Künstler: E. Glouet, um 1900

Mensch je benutzte, haben eine derartige Revolution in den gesellschaftlichen Bedingungen geschaffen, wie das Fahrrad." (Us Bureau of the Census 1900) Und sicherlich empfanden Millionen Menschen so wie der Maler Maurice Vlaminck, der beglückt äußerte: *„Die Entstehung der Welt fing für mich in dem Augenblick an, wo ich ein Fahrrad mein eigen nannte. Ihm verdanke ich meine ersten Erlebnisse unter dem weiten Himmel, die ich staunenden Herzens genoß, meine ersten Entdeckungen; die Sinne erfaßten mit eins das Wesen von Raum und Freiheit."*

Das Fahrrad, ganz im Gegensatz zu anderer Technik, die teilweise Angst machte und die der Einzelne nicht beherrschen konnte – ein Beispiel dafür war die Dampflokomotive -, war eine „menschliche" Technik, allein vom Einsatz seiner Energie abhängig, diente der spontanen individuellen Fortbewegung und machte den Einzelnen nicht zum unfreien Opfer, sondern befreite ihn ein Stück von der Materie. Ja, es konnte ihm sogar ein wenig den Traum vom Fliegen erfüllen;

Die Frau als Werbeträgerin – die optisch suggerierte Befreiung, die Nähmaschine und Fahrrad der Frau boten, sah in Wirklichkeit ganz anders aus. Künstler: H. Gray, um 1896

Das Fahrrad im Dienst der Obrigkeit. Es wurde auch von den Kolonialmächten, hier z. B. von den Niederländern, in Kriegen eingesetzt. Künstler: F. G. Schlette, um 1915

„kaum den Boden berührend, gleich der Schwalbe, die im Flug über den Boden streicht", so fühlte sich der Radler. Es war Technik, die dem Menschen angepaßt war, nicht wie so oft umgekehrt.

Der Rausch der neuen Technik, die die schnelle eigene Fortbewegung ermöglichte, fand seinen Niederschlag in den zahlreichen Radrennen und in den Vergleichen mit anderen Verkehrsmitteln wie zum Beispiel der Lokomotive, ein Motiv, das auf Fahrradplakaten oft wiederkehrt. Das Fahrrad, das „als erstes technisches Objekt die Gesetze der Kräfteökonomie im Hinblick auf Organismus und Mechanismus" verkörperte (Krausse S.59), wurde zum Massenverkaufsartikel. Dafür gab es mehrere Voraussetzungen. Zum einen bestand beim Fahrrad von Anfang an ein enger Produktionszusammenhang zur Waffen- und Nähmaschinen-Industrie. Diese beiden Branchen hatten seit den sechziger und siebziger

Das neueste Rudge-Modell ist angekommen. Das Fahrrad war auch damals der Mode unterworfen.

Jahren als erste Industriezweige die Massenfertigung aufgenommen, und sie stellten frühzeitig auch das Fahrrad als Massenprodukt her. Daß das Fahrrad bald als Kriegsgerät eingesetzt wurde, und zwar zuerst im Burenkrieg ab 1898, hauptsächlich für Kurierdienste, aber auch im Kampf selbst, ist in diesem Zusammenhang erwähnenswert, wenngleich der Krieg mit Sicherheit nicht der auslösende Faktor für die Fahrradentwicklung war. Ähnlich wie das Flugzeug, dessen Entwicklung sich ja ebenfalls um die Jahrhundertwende beschleunigte und einen ersten Höhepunkt 1906 im Motorflug der Ge-

brüder Wright fand, wurde eine absolut friedlich gedachte Erfindung zu Kriegszwecken ausgebeutet. Übrigens bestanden damals enge Verbindungen zwischen der Fahrradtechnik und der Konstruktion erster Fluggeräte, auch die Wrights waren Fahrradbauer. Im Gegensatz zu heute wurde damals ganz ungeniert mit dem heldenhaften Kriegseinsatz des Fahrrades geworben.

Eine weitere Vorraussetzung für die Entwicklung des Fahrrades zum Massenartikel waren die großen Industrie- und Weltausstellungen. Diese „Wallfahrts-

Der Radfahrer bezwingt – Napoleon ähnlich – alle Hindernisse und ist auf der Spitze der Pyramide dem strahlenden Licht der Sonne etwas näher. Künstler: R. Vion, um 1890.

stätten zum Fetisch Ware", die dort zelebrierte „Inthronisierung der Ware" (Walter Benjamin) trugen ganz wesentlich zur Popularisierung des Fahrrades bei.

Von größter Bedeutung schließlich war die Werbung. Neben den sportlichen Massenveranstaltungen, die das Fahrrad und das Radfahren ungemein populär machten, entstand die erste wirksame Werbung für ein massenhaftes Markenprodukt mit einem neuen Medium, das zum bestimmenden Faktor moderner Massenwerbung wurde: das Plakat. Das Fahrrad setzte die „Rä-

der der endlos laufenden, bedürfnisproduzierenden Maschinerie der modernen Werbung in Bewegung" (Poll S.32), es erzog Hersteller und Verbraucher zur Attraktivität der Massenreklame, die maßlos teuer war. Zwischen 1890 und 1905 erschien kein anderes Thema so häufig auf den Plakaten wie das Fahrrad.

Das Plakat als öffentliches Werbemedium auf Straßen, Plätzen, Bahnhöfen, entstand in der Zeit des „Fin de siècle" und übertraf durch seine Größe und seine Farbigkeit alle bis dahin bekann-

Die Frau in der sportlichen Fahrradkleidung – Radfahren ist gesund! Um 1897.

ten Medien. Die 1837 von Aloys Senefelder in München erfundene Lithografie hatten die Engländer zur Chromolithografie weiterentwickelt. Doch erst Jules Chérets in den siebziger Jahren praktizierte Erkenntnis, daß durch die Beschränkung der Farben, ihre Kontrastierung sowie durch das große Format in Einklang mit der künstlerischen Gestaltung das Werbemedium Plakat seinen optimalen Effekt erzielte, ebnete der „art démocratisé" den Weg. Der von G. E. Haussmann eingeleitete Umbau von Paris mit den Bauzäunen entlang der durch die Stadt geschlagenen Avenuen und Boulevards sowie die wie Pilze aus der Erde schießenden Vergnügungsetablissements trugen entscheidend zur Ausbreitung des neuen Werbemediums bei. Die „Mythen des Alltags" erfuhren jetzt unter verschiedenen künstlerischen Einflüssen wie zum Beispiel dem Japonismus, Symbolismus, Jugendstil etc. ihre optische Umsetzung. Seine verführerische, verführende Wirkung ermöglichte dem aussagekräftigen Plakat, dem Serienprodukt, das, wie Cassandre 1926 hervorhob, materielle Bedürfnisse und kommerzielle Funktionen zu erfüllen

Der Frau zugesprochene Eigenschaften wie „engelhaft", „schwach" drücken sich in diesem Plakat aus. Das Fahrrad ist „frauenleicht". Künstler: L. E. Jardon, um 1896

Das Kind als Vermittler der Werbebotschaft „Radfahren ist kinderleicht". Künstler: T. Laforet, um 1900

hatte, einen „tiefen Einbruch in die Domäne der Kunst". Arsène Alexandre formulierte 1906 die faszinierende Wirkung des neuen Mediums auf die Künstler, als die Blütezeit des künstlerischen Plakats ohne die vorrangige kommerzielle Bedeutung wie zum Beispiel bei Henri de Toulouse-Lautrec eigentlich schon vorüber war: *„Jeder möchte sein Plakat entworfen und, wenn auch nur vorübergehend, ein kleines Fleckchen der Stadt zum Leuchten gebracht haben."* (Thon S.XXXVI)

Die Plakateuphorie, die seit dem Ende der achtziger Jahre Frankreich erfaßt hatte und auch auf andere Länder übergriff (Thon S.XXXVI), stellte vorerst das Fahrrad in ihren Mittelpunkt. Dabei spielten sicherlich nicht so augenfällige Bezüge eine Rolle wie der, daß zum Beispiel die Druckerei Chaix, die Hunderte von verschiedenen Plakaten herstellte, direkt neben der Fahrradfabrik Clément lag. Vielmehr gab es folgende Gründe für die Faszination, die das Fahrrad auf die Plakatkünstler ausübte:
– die schon beschriebene er- „fahrbare" neue Freiheit und Ungebundenheit,
– die Überwindung von Zeit und Raum,
– die leichte Beherrschbarkeit der „menschlichen" Technik,
– die vom Individuum zu bestimmende Geschwindigkeit,
– die Möglichkeit, schnell und unabhängig in die freie Natur hinauszufahren, d.h. ein unmittelbares Naturerlebnis,
– der Aspekt der Gesundheit,
– die Nutzung durch die Obrigkeit und das Militär,
– die Rolle des Sports als gesellschaftliches und soziales Faktum,
– die Bedeutung des Fahrrades für die Emanzipation der Frau.

Vor allem der letzte Aspekt ist insofern zentral, als er ganz überwiegend die Motivik des Fahrradplakates um 1900 bestimmt. Er geht mit der Vermarktung der Frau in der Werbung einher. Neben anderen, zum Beispiel karikaturistischen, Einflüssen ist die Vermittlung der Werbebotschaft durch die menschliche Figur, meist die attraktive, modisch gekleidete oder idealisierte Frauengestalt charakteristisch für das (französische) Plakat des „Fin de siècle" (Thon). Allegorische und pseudomythologische Motive sind typisch für das französische

Kultur- und Konsumplakat, wobei sich diese Motive bereits häufig aus den Fahrradnamen ergaben und entsprechend optisch umgesetzt wurden.

Einige der beziehungsreichen Fahrradnamen, die Mythologie und Tierwelt genauso umfassen wie Synonyme für Geschwindigkeit, Schweben oder kämpferische Leistungsfähigkeit:

LÀiglon – Adler
Alarich – Westgotenkönig, der 410 n.Ch. Rom eroberte
Ariel – der Luftgeist
Aurora – die Morgenröte
Cyclone – tropischer Wirbelsturm
Déesse – die Göttin
Diana – die Jagdgöttin
Express
Falcon – der Falke
Gladiator – römischer Fechter
Griffon – Jagdhund
Hercules – griechischer Held
Hirondelle – die Schwalbe
Liberator – der Befreier
Mars – römischer Kriegsgott
Matador – Stierkämpfer
Meteor – Sternschnuppe
Möve
Omega – griechischer Buchstabe
Papillon – der Schmetterling
Pfeil
Phantom – Schein-, Trugbild
Phoebus – Beiname des griechischen Gottes Apoll
Presto – schnell
Simplex – einfach
Sirius – hellster Fixstern im Sternbild Hund
Stern
Triumph – Sieg, Erfolg
Torpedo – Unterwassergeschoß
Victor- der Sieger
Victoria – die Siegerin

Die Frau war – schon damals ein Charakteristikum der Werbung – der „werbliche Bild-Promoter" (Peters S.CXII). Es entstand eine eigenartige Verbindung einer Sachaussage mit Mythologie und schwüler Erotik, wobei nicht nur ein unverhüllter – und verkaufsfördernder – Sexismus zu Tage trat, sondern, geradezu paradox angesichts der emanzipatorischen Bedeutung des Fahrrades, die Darstellung der Frau als unmündiges, nur schönes Wesen. Dabei ist die optische Zentralaussage immer wieder: Die Technik ist so einfach, daß sie sogar die Frau begreift, das Fahrrad so leicht, daß es sogar eine Frau mit einer Hand leicht hochhalten kann. Dem entspricht auf einigen Plakaten auch der Einsatz des Kindes als Werbefigur. Dolf Sternberger spricht von der „Macht eines gleichsam stets nackten, schillernden und glitzernden Naturwesens, eines historischen Tieres, der Schlange oder der Katze nahe und verwandt" und „pseudomythologisch verbrämt kündigen hinter der doppelten Portiere der Historie und der Kunst die schönen Ungeheuer auf den Plakaten ein neues Zeitalter an" (Peters S.CXIX). Diese Aussage trifft für einen großen Teil der Fahrradplakate zu.

Betrachtet man die Fülle der unterschiedlichen Motive der Fahrradplakate, so läßt sich feststellen, daß sie in immer wieder variierter Form die Grundmotive der nahezu gewichtslosen Technik, des leichten Fahrens sowie der befreienden Wirkung eines Individualfahrzeuges zeigen (Krause S.72). Sie sind ein Erscheinungsbild, nicht nur der gewünschten Werbeaussage, sondern auch und vor allem des gesellschaftlichen Zustandes um die Jahrhundertwende, und es würde sich lohnen, ihrer Ikonografie, ihren bildlichen Aussagen eine soziologische Studie zu widmen.

Die Fahrradbeleuchtung

Helmut Lindner

Ist schon das Radfahren am Tag nicht ungefährlich, um wieviel mehr bei Dunkelheit oder Nebel ohne ausreichende Beleuchtung. Während heute eine Beleuchtung im Kaufpreis des Fahrrads enthalten ist, war dies um die Jahrhundertwende und danach keineswegs selbstverständlich. Die Qual der Wahl des geeigneten Beleuchtungssystems wurde dem Käufer und dessen Geldbeutel überlassen, und er konnte wählen zwischen einer Kerzen-, Öl- und Azetylen- bzw. Karbidlampe. Elektrische Scheinwerfer befanden sich noch in der Entwicklung, sie setzten sich erst in den dreißiger Jahren durch.

Der Platz an der Nabe des Hochrades war ideal zum Leuchten, nur völlig unpraktisch zum Nachfüllen oder Reinigen der Laterne; Foto um 1875.

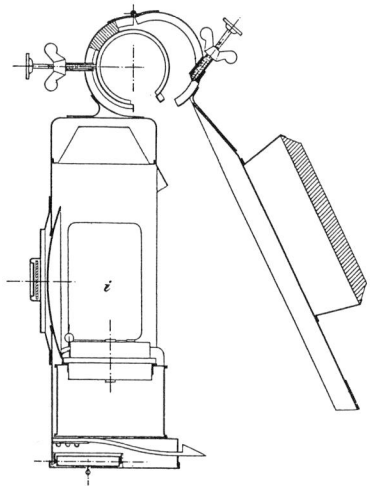

Patentzeichnung einer aufklappbaren Achsenlaterne, unten mit Platz für die Zündhölzer zum Anzünden der Ölflamme, 1885.

Ganz ohne Licht ging es nachts nicht, auch nicht bei Mondschein. In Polizeiverordnungen wurde schon früh – in Berlin 1827 – festgelegt, daß zwei- und vierrädrige Wagen bei Nacht angezündete Laternen führen müssen, und diese Verordnungen wurden später auf Fahrräder übertragen.

Für den Fahrbetrieb galten bei einer Laterne mit offener Flamme erhöhte Anforderungen für die Konstruktion: Schutz gegen Fahrtwind und Erschütte-

rungen. Die Laterne aus vernikkeltem Eisenblech oder korrosionsbeständigerem vernickelten Messingblech mußte zum einen so gebaut sein, daß die Flamme vor dem Fahrtwind und dem Spritzwasser ausreichend gesichert war. Zum anderen durften das Anzünden, Nachfüllen des Brennstoffs und das Säubern sowie die Wärmeabfuhr nicht behindert werden. Schwierigkeiten bereitete es, die Stöße bei schlechter Wegstrecke oder gar einem Sturz abzufangen. Abhilfe schufen zunächst Federn und eingelegte Gummistücke, dann

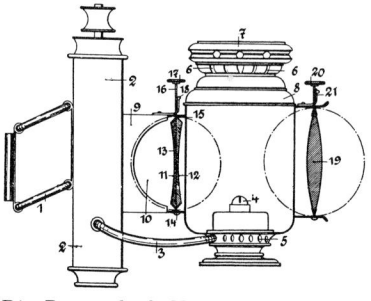

Die Patentschrift Nr.103722 von 1898 für eine leicht zu reinigende Azetylenlampe mit um die Achse drehbarem Reflektor (links) und Schutzglas (rechts).

setzte sich rasch nach 1886 eine aus England stammende Parallelkonstruktion (Schwebevorrichtung) als Befestigung durch.

Beim Hochrad bliesen aber dann die Abgase der Lampe dem Fahrer ins Gesicht. Diesen Nachteil hatten die Achsenlaternen nicht: Sie hingen geschützt im Innern des Rades, aber dafür nicht leicht zugänglich, pendelnd an der Vorderradnabe. Beim Niederrad befand sich die Lampe an der Seite der Vorderachse, häufig jedoch am Steuerkopf.

Die einfachste Lampe war die Kerzenlampe. Man erkennt sie an der stabförmigen Hülse an der Unterseite, die die Kerze enthielt. Eine Feder schob die Kerze während des Brennens nach oben. Der „Brennstoff" aus Stearin oder Paraffin war überall erhältlich und leicht mitzuführen. Manche Lampen hatten einen kleinen Behälter, um die Zündhölzer trocken aufzubewahren.

Der Nachteil der Kerzenlampen war deutlich sichtbar: Die schwache Helligkeit ließ sich nur geringfügig durch einen Reflektor (verspiegelte und gewölbte Metallplatte an der Rückseite) oder durch entsprechende Gestaltung des Scheibenglases in Form einer lichtbündelnden Linse verbessern.

Helleres Licht lieferten die Öllampen, die im Haushalt ja weit verbreitet waren. Olivenöl, gereinigtes Rüböl oder Petroleum dienten als Brennstoffe, die dem Flach- oder Runddocht zugeführt wurden. Den Vorteil der größeren Helligkeit erkaufte man durch eine umständlichere Bedienung: Der Docht erforderte eine ständige Nachstellung und nach jedem Sturz oder Erlöschen mußte der verkohlte Dochtrand abgeschnitten werden.

In Konkurrenz zu den Kerzen- und Öllampen – *„sie dienen nur zur Erfüllung der polizeilichen Vorschriften"* – trat ab 1896 die Azetylenlampe, die im Jahre

Kerzen-Laternen.
Einfachste und bequemste Beleuchtung.

No. 7. **Kerzen-Laterne.**
Schöne Form, starkes Metall, gute Vernicklung, absolut sicheres Funktionieren, bequeme Handhabung. Sehr empfehlenswert. Mk. **4.50.**

No. 8. **Vornehmste Kerzenlaterne.**
Form äusserst elegant, extra starkes **platiertes Nickelblech,** ff. Arbeit, absolut sicheres Funktionieren beim stärksten Wind. Fein gewölbtes Vorderglas, ruhige helle Flamme. Das beste was in Kerzenlaternen hergestellt wird. Mk. **7.—**

Oel-Laternen.

(geschlossen)   No. 5.   (geöffnet)
Hochelegante runde Laterne von vornehmer Form und Ausstattung. Aufklappbares Vorderglas. Abnehmbare Haube. Ganz vernickelt. Scharfe, prima optische Linse und Seitengläser. Grosser Oelbehälter. Sehr hell brennend. Mk. **4.50**
(Sehr zu empfehlen!)

Petroleum-Laternen.

No. 6.
Sehr geschmackvolle **Petroleum-Laterne** mit Cylinder. Elegante Form, vorzügliche Konstruktion, bequeme Handhabung, sicheres Funktionieren. No. 6 brennt nur Petroleum **ohne** Beimischung anderer Oele und erzeugt ein helles, tadelloses Licht. Mk. **6.—**

Bestes Fahrrad-Laternen-**Brennöl,** fein präpariert, daher hellleuchtend und nicht russend.

Grosse Flasche Mk. **0.50**   (ca. halbe natürliche Grösse).

Aus dem Katalog der Hamburger Continental-Fahrrad-Fabrik von 1903.

1908 in einem Fahrradbuch so angepriesen wurde: „*Will aber jemand unbekannte Gegenden und Fußwege im Dunkeln befahren, so ist er auf die Azetylen-Laternen angewiesen.*" Zehn Jahre zuvor waren noch Stimmen laut geworden, die auf die Gefahr der Blendung von Fußgängern und entgegenkommenden Radfahrern durch das sehr helle, gebündelte Licht hinwiesen. In Berlin genehmigte der Polizeipräsident 1897 die Verwendung des neuen Laternentyps, der bei unsachgemäßer Behandlung allerdings explodieren konnte.

Bei der Azetylen- oder Karbidlampe wurden in einen oberen Behälter Wasser, in den unteren Calciumcarbidkristalle gefüllt. Durch eine verstellbare Vorrichtung tropfte Wasser auf das Calciumcarbid, und es entwickelte sich Azetylengas, das dem Brenner über eine Schlauchleitung zugeführt wurde und mit heller Flamme verbrannte. Zuviel Wasser ergab eine stürmische, nicht ungefährliche Gasentwicklung, doch konnte bei entsprechender Konstruktion das überschüssige Gas durch den Wasserbehälter entweichen.

Die Reinigung des Brenners gestaltete sich einfach, wenn sich die Zuleitung abklemmen ließ und die Brenneröffnungen mit einer Luftpumpe durchgeblasen wurden. Nach jedem Gebrauch sollte der Karbidbehälter gereinigt, die Asche entfernt und wegen der Rostgefahr getrocknet werden. Ein Nachteil der Karbidlampen, der zumeist in der Reklame verschwiegen wurde, war die vorher auf die Dauer der Fahrzeit abzustimmende Karbidmenge bzw. Wasserzufuhr. Geschah diese Dosierung nicht, mußte nach der Heimkehr die Lampe an das offene Fenster gestellt werden, bis die Entwicklung des durch Verunreinigungen unangenehm riechenden Gases aufhörte.

Vergleicht man die Preise der

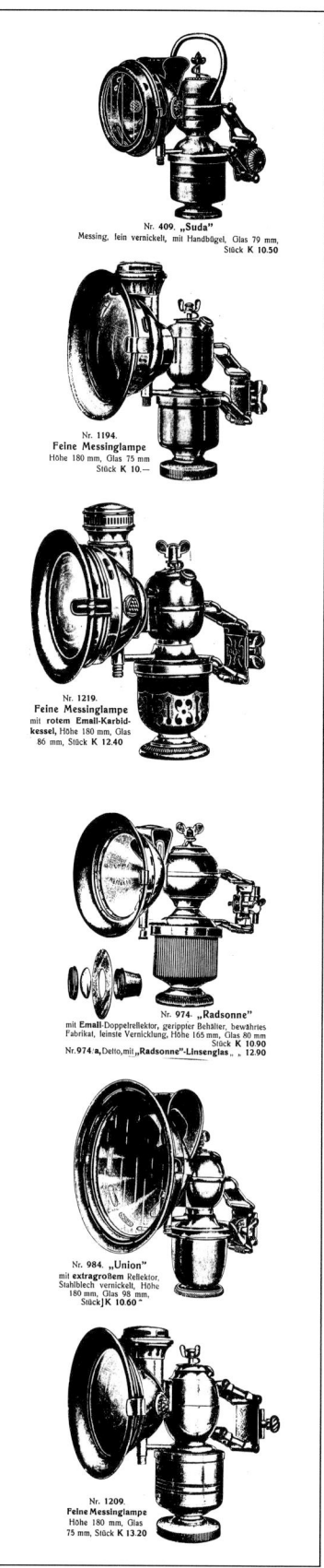

Nr. 409. „Suda"
Messing, fein vernickelt, mit Handbügel, Glas 79 mm,
Stück K 10.50

Nr. 1194.
Feine Messinglampe
Höhe 180 mm, Glas 75 mm
Stück K 10.—

Nr. 1219.
Feine Messinglampe
mit rotem Email-Karbidkessel, Höhe 180 mm, Glas
86 mm, Stück K 12.40

Nr. 974. „Radsonne"
mit Email-Doppelreflektor, gerippter Behälter, bewährtes
Fabrikat, feinste Vernicklung, Höhe 165 mm, Glas 80 mm
Stück K 12.90
Nr. 974/a, Detto, mit „Radsonne"-Linsenglas „ „ 12.90

Nr. 984. „Union"
mit extragroßem Reflektor,
Stahlblech vernickelt, Höhe
180 mm, Glas 98 mm,
Stück K 10.60

Nr. 1209.
Feine Messinglampe
Höhe 180 mm, Glas
75 mm, Stück K 13.20

Azetylenlampen der gehobenen Preisklasse aus dem Katalog der Wiener Großhandlung Bock & Hollender, 1914/15.

Lampen in dem Katalog der Fahrradfirma August Stukenbrok aus dem Jahre 1912 miteinander, so lagen die Preise einer Kerzenlaterne zwischen 2 und 4.70 Mark, die einer Öllaterne zwischen 1.10 und 6.60 Mark und die Preise einer Azetylenlaterne zwischen 1.50 und 6.20 Mark. Der Gasverbrauch einer Azetylenlaterne bewegte sich je nach Brenner zwischen 6 und 25 Liter in der Stunde, wobei ein Kilogramm Calciumcarbid zu einem Preis von 45 Pfennigen etwa 280 Liter Gas lieferte. Die Leuchtkraft der Azetylenlaterne betrug je nach Verbrauch das Zehn- bis Zwanzigfache einer Kerze. Je nach Ausführung wogen die Laternen zwischen 300 und 600 Gramm. Bei allen Laternen gab es jedes Teil einzeln zu kaufen.

Gegen Ende des 19. Jahrhunderts entstand neben der Petroleum- und Gasbeleuchtung für häusliche und industrielle Zwecke sowie für die Straßenbeleuchtung ein neues Beleuchtungsmittel: das elektrische Licht. Bei den Fahrrädern wurden jedoch nicht Bogenlampen mit ihrem gleißenden Licht eingesetzt, da sie große Batterien oder Dynamomaschinen mit entsprechendem Antrieb erforderten, sondern die seit den achtziger Jahren bekannten Glühlampen. Zwar stammen die ersten Versuche einer elektrischen Fahrradlaterne aus der Zeit um 1885, doch dürften die damaligen Kohlefadenlampen – erst nach der Jahrhundertwende hatte man Metallfäden – die Erschütterungen im Fahrbetrieb nur kürzeste Zeit ausgehalten haben. Für den Strom sorgte entweder ein Akkumulator (nur in seltenen Fällen auch galvanische Elemente) oder eine kleine, durch das Gewicht der Magnete aber schwere Dynamomaschine bzw. eine Kombination beider. Akkumulatoren waren schwer, stoßempfindlich, umständlich zu laden und wegen der Schwefel-

säurefüllung nur mit Vorsicht zu behandeln. Benutzte man eine Dynamomaschine, die von der Raddrehung abhängig war, brannte die Glühlampe nur beim Fahren. Für den Stillstand konnte man sich notfalls mit einem einfachen Öllämpchen behelfen.

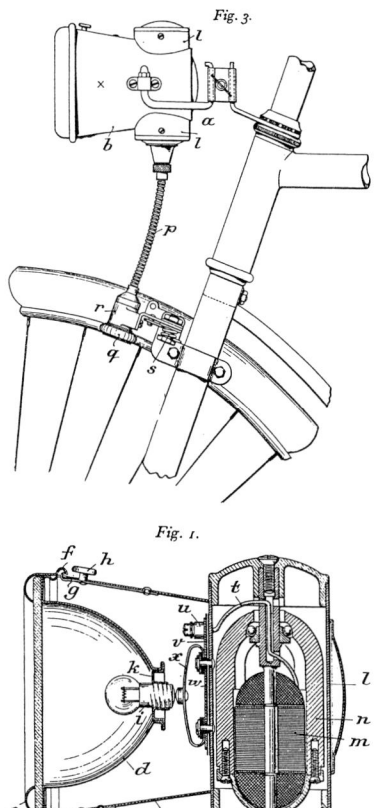

Fig. 3.

Fig. 1.

Die Patentschrift der Robert Bosch A.G. von 1918 mit folgenden Patent-Ansprüchen: 1. Elektrische Fahrradlaterne mit eingebauter Dynamomaschine, welche durch eine an das Laufrad angedrückte Reibrolle angetrieben wird, dadurch gekennzeichnet, daß das Gehäuse der Dynamomaschine das Scheinwerfergehäuse quer durchsetzt und die Kraftübertragung von der Reibrolle auf die Dynamomaschine durch eine biegsame Welle (p) erfolgt. 2. Elektrische Fahrradlaterne nach Anspruch 1, dadurch gekennzeichnet, daß das zylindrische Dynamogehäuse das kegelförmige Scheinwerfergehäuse senkrecht zur Achse des letzteren durchdringt. 3. Elektrische Fahrradlaterne nach Anspruch 1, dadurch gekennzeichnet, daß die biegsame Welle durch eine Schraubenfeder gebildet wird, durch deren Abbiegung der zum Anpressen der Reibrolle erforderliche elastische Druck erzeugt wird.

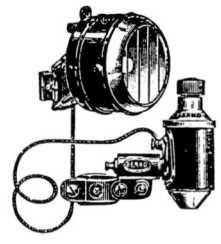
Die Berliner Fahrradlampenfabrik mit ihrem 1930er Modell.

Das leichte Ein- und Ausschalten zählte zu den Annehmlichkeiten der elektrischen Beleuchtung. Außerdem entfiel die Geldausgabe für den Brennstoff, vorausgesetzt man nahm eine Dynamomaschine. Dafür waren die Anschaffungskosten höher. So lagen zum Beispiel für 1926 die Preise für Azetylenlampen nur geringfügig höher als 1912; eine elektrische Fahrradlampe mit Dynamomaschine kostete jedoch zwischen 11 und 16 Mark, mit Batterie (Trockenbatterie) 9,25 Mark, eine Ersatzbatterie 95 Pfennige und eine Ersatzbirne für 4 Volt Spannung zwischen 20 und 35 Pfennigen (Stukenbrok 1912, 1926). Es empfahl sich, bei „schnellstem Fahren" Ersatzbirnen mitzuführen, falls die Dynamomaschine keine automatische Stromregulierung besaß.

Berlin – die Stadt, in der Werner von Siemens das Verfahren zur Stromerzeugung durch Dynamos und Generatoren erfand – ist auch die Geburtsstadt des kleinen, aber wirkungsvollen Fahrraddynamos. Fritz Eichert erfand ihn, gründete 1908 die Berko-Werke am Prenzlauer Berg in Berlin und stellte vor dem Ersten Weltkrieg jährlich 50.000 Fahrradlichtanlagen her. Nach der Teilung der Stadt produzierte Berko im Westteil, in Wittenau, bis 1955 elektrische Lichtanlagen für Fahrräder.

Wenn bisher von Dynamomaschinen die Rede war, so stimmt diese Bezeichnung genaugenommen nicht. Bei den Fahrradlicht-maschinen handelt es sich um Synchrongeneratoren mit Dauermagneten, die nicht Gleichstrom, sondern Wechselstrom erzeugen, was aber für Glühlampen ohne Bedeutung ist. Wichtig ist, daß der Strom bei größer werdenden Drehzahlen nur noch geringfügig ansteigt, damit keine Gefahr für die Glühlampen besteht.

Als in Preußen zu Beginn des Jahres 1929 eine „Verordnung über die Einführung von Rückstrahlern für Fahrräder" erlassen wurde, mußten alle Fahrräder mit den sogenannten „Katzenaugen" versehen werden. Die Rückstrahler – 1909 gab es das erste deutsche Patent dafür – leuchten nur auf, wenn sie vom Licht getroffen werden. Seit 1955

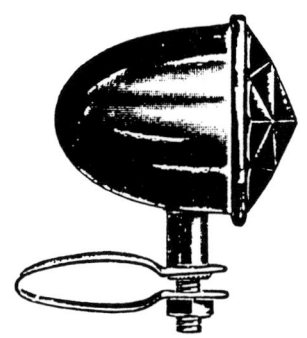

Nr. 13406. Fahrrad-Rücklicht

(sogenanntes Katzenauge), mit rotem, stern-artig geschliffenem Glas, welches aufleuchtet, sobald der Lichtschein von Autos usw. sich darin spiegelt. Große Sicherheit gegen Überlahrenwerden. Fein vernickelte Ausführung, 4 cm Durchmesser. An der Hinterradstrebe eines jeden Fahrrades leicht zu befestigen.

Stück 65 Pf.

Rückstrahlende Rücklichter aus dem Stukenbrok-Katalog von 1926 des Einbecker Versandhauses.

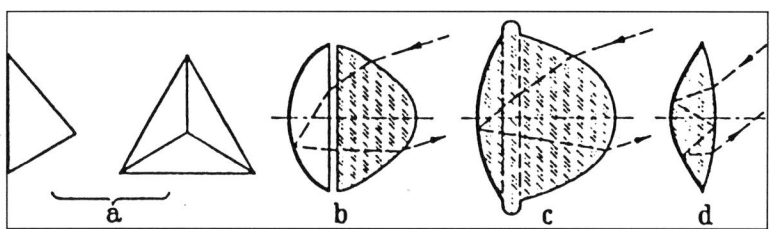

Prinzipien von Rückstrahlern: a) Tripelspiegel b) Domlinse c) Eichellinse d) Tellerlinse.

schreibt die Straßenverkehrsordnung rückstrahlende Pedale vor. Das Rücklicht dagegen mußte aus Sicherheitsgründen das leicht zu installierende, aber störanfällige elektrische Lämpchen sein. Die Vorteile des elektrischen Lichts waren offensichtlich, und so wurde diese Form der Beleuchtung zu einem festen Bestandteil des Fahrrads. Die Abfolge der verschiedenen Beleuchtungsarten wird im nachstehenden Erlebnisbericht noch einmal deutlich: *„Mein erstes Fahrrad erbte ich im Jahre 1921 von meinem alten Herrn, der es im Jahre 1909 von den Adler-Werken gekauft hatte. Es war mit einer Öllaterne ausgestattet, einem Zubehör, welches meine Klassenkameraden höchst überflüssig fanden, da sie nachts entweder überhaupt nicht oder einfach ohne Licht fuhren. Die Polizei schien damals nichts dagegen zu haben, denn mir ist kein Fall bekanntgeworden, daß sie irgendwie einmal mahnend oder strafend eingegriffen hätte; bei der damaligen geringen Verkehrsdichte durchaus verständlich. Ich selbst war zu dieser Zeit zu einem 12 km entfernt wohnenden jungen Mädchen in heftigster Minne entbrannt, und so ließ es sich nicht vermeiden, daß ich verbotene nächtliche Ausflüge machte. Der Schein meiner Fahrradlaterne reichte allerdings nur aus, um die Mücken zu warnen. Auf dunklen Wegen war bei Neumond damit nichts oder nicht viel zu sehen. Nach einigen unerfreulichen Grabenlandungen stand ich vor der Wahl,*

meine nächtlichen Ausflüge entweder nur bei Vollmond zu unternehmen oder mein Sparschwein zu zertrümmern und unter zusätzlichen erfolgreichen Pumpversuchen bei meinen Schwestern eine Karbidlampe zu erstehen. Ich wählte das Letztere. Das Licht dieser Lampe war objektiv und subjektiv gesehen natürlich ganz etwas anderes, zumal sie noch mit einem Linsenglas versehen war. Jedoch auch diese Freude blieb nicht ungetrübt: Bei schlechten Wegen spritzte das Wasser aus dem Luftloch der Verschraubung, der Brenner litt häufig unter Verstopfung, so daß ich mich nur, mit einem Sortiment Haarnadeln meiner Schwester versehen, auf nächtliche Fahrten wagte, und außerdem begann meine Mutter unter unerklärlicher Migräne zu leiden, was natürlich auf den entsetzlichen Karbidgestank der nach der jeweiligen Heimkehr im Hausflur ausgepusteten Lampe zurückzuführen war.

Kurz und gut, eines Weihnachtsabends prangte auf dem Gabentisch eine funkelnagelneue elektrische Fahrradbeleuchtung. Ich war bei der ersten Ausfahrt damit zunächst von der Lichtwirkung etwas enttäuscht, da ich durch den hellen Schein der Karbidlampe etwas verwöhnt worden war. In Anbetracht der neiderfüllten Bewunderung meiner Klassenkameraden jedoch söhnte ich mich mit diesem Mangel schnell aus, zumal die Beleuchtung tatsächlich recht zuverlässig und pflegeleicht war." (Radmarkt 1954 S.20)

99

Das Fahrrad als Waffe

Christian Wegner

Das Fahrrad ist ursprünglich nicht als Kriegsgerät entwickelt worden. Trotzdem kam auch das Velociped nicht darum herum, für kriegerische Zwecke mißbraucht zu werden. Erst als eine ausreichende Qualität in Material, Technik und Komfort erreicht war, wurde das Fahrrad „militärtauglich".

Velocipedisten der französischen Armee, Holzstich 1889.

Von der Kavallerie, wo man Konkurrenz witterte, wurde das Fahrrad zunächst befehdet. Doch die Vorteile lagen zu offensichtlich auf der Hand: leicht, schnell, geräuschlos, platzsparend, pflegeleicht, kein Bedarf an Futter und später sogar zusammenklappbar. Es mußte einfach versucht werden, militärischen Nutzen daraus zu ziehen.

Schon Drais träumte insgeheim davon, zwischen Kavallerie und Infanterie eine Laufradein-

Eine Radfahrerquadrille zur Feier des 175jährigen Bestehens des Cadettencorps in Groß-Lichterfelde am 1.9.1892; Zeichnung von H.Lüders

heit beim Militär befehligen zu dürfen. Aus diesem Grunde führte er 1813 Zar Alexander I. (1778-1826) seine neueste Erfindung in Mannheim vor. Die hochtrabenden Pläne des Freiherrn wurden nicht verwirklicht.

Die „Michaulinen", diese hölzernen und schmiedeeisernen Ungetüme mit ihren schwergängigen Wagenrädern, den Pedalen am Vorderrad und den ungepolsterten Sitzen sollen militärisch eingesetzt worden sein: zu Kurierdiensten im Deutsch-Französischen Krieg 1870/71. Damals mangelte es den Franzosen an Pferden, und sie mußten sich die Nachricht von ihrer Niederlage per Velociped überbringen lassen.

In Italien sollen Zweiräder zuerst 1875 in der Armee ausprobiert worden sein. Dreizehn Jahre später waren sie fester Bestandteil der italienischen Armee. Im Jahre 1887 erhielt das Münchner Fahrradhaus Schad den Zuschlag für die Lieferung eines bedeutenden Postens Fahrräder an die italienische Armee. Originellerweise fand bei den „Bersaglieri" genannten Gebirgsjägern und Scharfschützen das Fahrrad seine frühe Verwendung. Bei ihnen tauchten auch – vielleicht aus diesem Grunde – die ersten Entwicklungen von Klappfahrrädern auf. Diese Maschinen waren mit Laternen, Bremsen, Rahmentasche, Gewehrhalter und einer ledernen Depeschentasche ausgerüstet.

Der Kriegsminister Frankreichs verlieh 1886 einer Abteilung des Radfahrerbundes einen Ehrenpreis. Sie hatten im Manöver Meldungen über weite Strecken transportiert. In der deutschen Zeitung „Der Radfahrer" wurde diese Nachricht erfreut abgedruckt und durch die Beschreibung „die Maschinen sind mit Signalhörnern versehen, die durch Luftdruck mittelst Gummiball ertönen" ergänzt.

Frankreich, England, Belgien, Holland und Italien hatten bereits Erfahrungen mit dem „Kamerad aus Stahl" gesammelt. Die deutschen Heeresverwaltungen zögerten noch. Dies, obwohl Heinrich Kleyer eigennützig als größter deutscher Fahrradproduzent in Vorträgen und Reden vor Majestäten und Militärs für die Einführung des Fahrrads in der deutschen Armee Reklame gemacht hatte.

Erst am 2.Februar 1887 meldet der Börsen-Courier, daß *„die Velocipeden, sowohl zwei- als auch dreirädrige, jetzt in der deutschen Armee zur Einführung gelangen. Das K. preußische Kriegsministerium hat angeordnet, dass solche namentlich in Festungen mit weit abliegenden Aussenforts wie Spandau, Thorn, Posen, Königsberg, Küstrin, Köln, Strassburg, Metz u.s.w. den Ordonnanzen- und Depeschendienst, soweit derselbe nicht durch den Telegraphen besorgt wird, vermitteln sollen"* (Der Radfahrer 1887 S.64).

Kleyers Werbekampagne trug Früchte, seine Firma wurde später erster Lieferant der Armee: *„Die umschwungvollen Erfindungen des letzten Jahrzehntes auf dem Gebiete der Velocipede veranlaßten das kaiserlich deutsche Kriegsministerium unter Kommando des königl. preussischen Majors von Rogues das größte Velocipedhaus des Continents, Heinrich Kleyer in Frankfurt a.M., letzten Sommer mit der Einübung von 50 Unterofficieren und Mannschaften im Kasernenhofe des 1.hess. Infanterie-Regiments No.81 zu Frankfurt a.M. im Zwei- und Dreiradfahren zu beauftragen. Die Ergebnisse dieser Probeübungen fielen derart zufriedenstellend aus, daß mit kriegsministerieller Verordnung vom Januar 1887 das genannte Infanterie-Regiment Weisung erhält, für die Fe-stungen Köln, Straßburg, Königsberg und Posen eine größere Anzahl Zwei- und Dreiräder bei der Firma Heinrich Kleyer zu kaufen und den kaiserl.resp.königl.Gouvernements zu übersenden. Bereits Ende Januar wurden die Fahrräder in erfahrungsmäßig günstigem Bau in die Hände des Militärs mit completter Ausrüstung von Taschen, Glocken, Lampen und speziellen schriftlichen Instruktionen übergeben.... Es bleibt zu erwarten, daß diese flinken Fahrzeuge zukünftig in noch weit größerem Maße in den deutschen Militär-, Post- und Landesstraßenbau-Dienst treten, wie man sie bereits allgemeiner in England, Österreich und Italien findet."* (Der Radfahrer 1887 S.109)

Der Radfahrer soll Meldungen transportieren, 1894.

Auf der ersten großen deutschen Fahrradausstellung 1889 in Leipzig zeigte die Nürnberger Firma Frankenburger & Ottenstein ein Militär- und Jagd-Sicherheitsfahrrad. *„Dieses bereits von der österreichischen und von der schweizerischen Militärverwaltung eingeführte Fahrrad trägt das Gewehr längs des Gestelles in zwei Haken liegend und durch einen federnden Bügel gehalten, so daß es in kürzester Zeit abgenommen und wieder an Ort und Stelle gebracht*

Pferd und Fahrrad waren anfangs scharfe Konkurrenten, ergänzten sich aber später im Kriegseinsatz.

werden kann. *Der Tornister ist an der Vordergabel der Lenkstange und die Patronentasche hinter demselben, gleichfalls an der Lenkstange, angebracht.*" (Illustrirte Zeitung 1889 S.239)

Auf der Stanley-Show 1890 in London, Englands internationale Fahrrad-Messe, waren militärisch ausgerüstete Fahrräder nichts Ungewöhnliches. Die englische Firma Hillmann, Herbert & Cooper zeigte dort Militärmaschinen, die folgendermaßen präsentiert wurden: *„...drei Stück in voller Ausrüstung, nämlich ein Dreirad für einen Offizier und zwei Safeties und daneben das wächserne Ebenbild eines Marineinfanteristen aus dem Radfahrercorps des Majors Edye.*" (Der Radfahrer 1890 S.30)

Die deutschen Radfahrerverbände hatten sich von Anfang an dafür stark gemacht, das Fahrrad in der Armee unterzubringen. Um ihr Selbstwertgefühl zu stärken, meldeten sie sich freiwillig mit ihren eigenen Maschinen zu den Manövern. Für ihre Räder erhielten sie eine Abnutzungsgebühr.

Der endgültige Durchbruch gelang erst 1893 mit der erfolgreichen Fernfahrt Wien-Berlin, durch die das Tor zur endgültigen Musterung des Velocipeds weit aufgestoßen wurde. Die Kavallerie hatte 1892 den Distanz-

Im Kaisermanöver 1896 bei Görlitz ist das Fahrrad bereits im Einsatz; Zeichnung von A. Deusser.

Fahrradindustrie nahmen endlich auch in Deutschland den erwünschten Aufschwung. Fortan versuchte jede Fahrradfirma, über ein eigenes Kriegsmodell mit der Armee ins Geschäft zu kommen.

Ein knappes Jahr später bewies eine „Verfügung bezüglich seiner Verwendung" die neue Wertschätzung des Fahrrades in der Armee. In ihr werden alle Aspekte des militärischen Radfahrens wie Bauart und Zuteilung der Räder sowie Ausbildung, Verwendung, Bekleidung und Bewaffnung der Radfahrer genauestens geregelt.

ritt Wien-Berlin veranstaltet, um die Überlegenheit des Pferdes gegenüber dem Fahrrad zu beweisen. Die deutsche Radsportgemeinde war herausgefordert und organisierte ein Jahr später auf derselben Strecke ein Radrennen. Ihre Erwartungen wurden dabei weit übertroffen. Der schnellste Radfahrer, Josef Fischer, war mit 31 Stunden mehr als die Hälfte schneller als Graf Starhemberg, der als Sieger des Rittes 71 Stunden und 35 Minuten gebraucht hatte.

Danach liefen die Militärs im Offizierscasino auf die Seite des Fahrrades über. Radsport und

Die Ausbildung der Radfahrer wurde gelegentlich auf die Spitze getrieben.

Eine italienische Bersaglieri-Patrouille in den Alpen.

Bis zur Fertigstellung dieser Verfügung begutachteten viele Kommissionen auf Kasernenhöfen und Manöveräckern das neue Kriegsgerät. Staffelfahrten in finsteren Herbstnächten, Geschicklichkeitswettbewerbe auf Pferdeparcours und Rennen wurden mit preußischer Pedanterie ausgewertet. Viele Details mußten verändert werden, um das Fahrrad militärtauglich zu machen. Einzelheiten wie Farbe, Reifen, Tretlager, Bremsen, die verarbeiteten Materialien und natürlich auch die zu tragende Kleidung wurden genauestens

103

Nachgerüstetes Standard-Rad mit Handgranaten im Kasten am Oberrohr.

unter die Lupe genommen.

Als geeignete Kleidung hatten die Militärstrategen Schirmmütze, Waffenrock oder Litewka, Tuchhose, lange Schnürstiefel ohne Nagelbeschlag und Mantel erkannt. Komplettiert wurde dieser Aufzug durch Feldflasche, Brotbeutel, Tornisterbeutel, Leibriemen mit Meldetasche, Seitengewehr auf der Lenkstange und Revolver. Der Tornister sollte nachgefahren werden. Stattdessen war eine Gepäcktasche am Fahrrad vorgesehen, in der ein Drillichanzug, ein Hemd, ein Paar Schuhe, eine Konservenbüchse und ein Paar Strümpfe zum Wechseln plaziert wurden. Der Mantel sollte während der Fahrt zusammengerollt unter dem Sattel angebracht sein.

Die Ausbildung des angehenden Militärradlers umfaßte Übungen von a) Gleichgewichthalten bei vorwärtsgehendem Rade, über b) Einnehmen des Sitzes auf dem Sattel und c) Treten der Pedale bis hin zu d) dem Absitzen vom laufenden Rade mit vorherigem Abbremsen.

Ein Ziel des Drills war es, die Rad-Soldaten in Schützenlinie auffahren zu lassen und stehend, das Rad zwischen den Beinen haltend, auf den Gegner zu feuern. Diese Taktik rief einiges Gespött hervor, da ein zu voller Größe aufgerichteter Schütze selber als

Wenn auch nicht mehr geschoben werden konnte, kam das Klapprad auf den Rükken.

Zielscheibe diente. In der Kriegs-
praxis wird es selten zu solchen
Manövern gekommen sein.

Nach vielen Begutachtungen
setzten sich auch für Armeeräder
„Pneus", also Luftreifen durch;
lediglich die Bayern sollen zunächst weiter auf Kissenreifen
aus Vollmaterial bestanden haben. Um dem Problem der durch
Schmutz festgefressenen Tretlager zu entgehen, baute die Steyri-
sche Swift Waffenfabrik Fahrräder, deren Tretlager besonders
hoch angeordnet waren. Diese
Fahrrad- und Waffenfabrik des
k.u.k. Österreich-Ungarn hatte
an ihrem Modell die sonst blank
glänzenden Teile in tarndunkel
gehalten und die Maschinen mit
Gewehr- und Bajonetthaltern
ausstaffiert.

Fahren war im Krieg die Ausnahme,
schieben und im Schmutz liegen hinge-
gen die Regel.

Bei derart gründlichen Vorbereitungen war es kein Wunder,
daß man bald aus allen Kontinen-
ten Nachrichten über radfahrende Einheiten las. In den USA,
Lateinamerika, Japan, China, in
Afrika, im Senegal und in vielen
Kolonien wie zum Beispiel Bri-
tisch-Indien gab es Rad-Militärs,
außerdem natürlich in fast allen
europäischen Ländern. Lediglich
die Schotten sollen, ihrer tradi-
tionellen Kilts wegen, schamhaft
auf Radfahrer in ihrer Armee
verzichtet haben.

Doch nichts ist ein geeigneter Test für den Kriegsfall wie der
Krieg selbst. Daher fand der Einsatz von Fahrrädern im südafrikanischen Burenkrieg starke Be-
achtung. In einem Klima, dem
kein Pferd ausdauernd standzu-
halten vermochte, setzten Engländer wie Buren Fahrräder ein.

In einer militärischen Skizze
von 1900 wird ausgeführt: *„Aber
bisher war keine Gelegenheit,
die Brauchbarkeit der neuen
Waffe im Felde zu erproben;
diese giebt erst der jetzt tobende
südafrikanische Krieg,... und
man blickt mit nicht geringer
Spannung auf die Entscheidung
dieser Frage, die für alle Heere
von Wichtigkeit und für das
große Publikum höchst interes-
sant ist.*

*Die englischen militärischen
Meldefahrer sind ganz in bräun-
lich gelbem Khaki-Drell geklei-*

det, und auch ihre Räder sind mit derselben Farbe angestrichen, damit sie sich möglichst wenig von dem südafrikanischen Boden abheben und den Burenschützen kein gutes Ziel bieten... Am meisten nützen vielleicht die Militärradfahrer für den Aufklärungsdienst, als Patroullien und zur Beunruhigung des Feindes. Die englischen Militärradfahrer sind darin geübt, zu schießen, ohne das Rad verlassen zu müssen... Die englischen Freiwilligen haben... auch ein Radfahrerambulanzcorps, das unter dem Schutze der Fahne mit dem Genfer Kreuz leicht bis in die Gefechtslinie vordringen und einzelne besonders wichtige Verwundete, wie hohe Offiziere, schnell nach den Verbandsplätzen schaffen kann." (Scharwerker S.111ff)

Das Fahrrad ist in dieser Beschreibung zur „Waffe" mutiert.

Die Briten benutzten im Burenkrieg Fahrräder aus der Dursley-Pedersen-Produktion, die in ähnlicher Form heute in Kopenhagen produziert werden. Sie zeichnen sich durch eine eigenwillige Rahmenkonstruktion aus, die mit Drähten verspannt ist. Der Sattel wird wie eine Hängematte zwischen den schlanken

Das erste deutsche Klapprad von Seidel & Naumann nach französischem Vorbild, 1896.

spitzen Rahmenenden angebracht.

Der Zustand der Wege im Front- oder Manövergebiet war meistens der eines „Sturzakkers". Das bedeutete in der militärischen Praxis eine erhebliche Beschränkung der Vorzüge des Fahrrades, das im Morast nicht halb so beweglich ist wie auf einer guten Straße. So ist es nicht verwunderlich, wenn die meisten Fotos Kriegseinsätze zeigen, wo Radfahreinheiten mit ihren Rädern im Dreck in Deckung liegen. Andere erhaltengebliebene Fotografien zeigen Abteilungen, die ihre Räder schieben oder sie zusammengeklappt auf dem Rücken tragen.

Dem Rad sind im Schlechtwetter-Einsatz enge Grenzen gesetzt. Ein Artikel über eine französische Übung von 1897 formuliert lapidar: „Am fünften Tage war das Moselthal weithin überschwemmt, die Straßen standen unter Wasser, weshalb die Radfahrertruppe daheim blieb." Das Manöver fiel aus wegen Regen. Allerdings wurde dafür die Parole „putzen" ausgegeben. Abschließend schrieb der Berichterstatter sichtlich zufrieden mit der Leistung der Radfahrer: „Es verdient hervorgehoben zu werden, daß im Laufe der Manöver

Das Dursley-Pedersen-Rad, hier 1898 in Zivil.

Das Fahrrad
auf dem Kriegsschauplatz.

1 – Der aufgeweichte Boden und zahlose Wassergräben erschweren das Fortkommen der Radfahrer in Frankreich. 2 – Radfahrer-Abteilung auf einem Sturzacker. Die schwierige Bodenbeschaffenheit zwingt auch hier die wackeren Radfahrer zum Absitzen. 3 – Übungen unserer Fahrradtruppen hinter der Front. Das Übersetzen eines Flusses in Nordfrankreich. 4 – Eine Radfahrer-Patrouille greift den Feind an. Die Soldaten haben sich nach Verlassen der Räder schnell eingegraben und geben Feuer auf den im Gehölz verborgenen Feind. 5 – Radfahrer-Patrouille, von einem Hügel gedeckt, den Feind beobachtend. 6 – Radfahrer in einem Annäherungsgraben. 7 – Ruhepause und Studium der Karte nach anstrengender Fahrt. 8 – Die Patrouille orientiert sich nach einer am Rade praktisch ausgebreiteten Karte.

14

In der Zeitschrift der Hannoverschen Continental Gummi-Werke A.G. wurde ausführlich über die Militärradler im Ersten Weltkrieg berichtet.

Stürze von Belang nicht vorgekommen sind; das im Gebrauch befindliche zusammenlegbare Rad gestattet jederzeit die Füße ohne weiteres auf den Boden zu stellen... die mittlere Schnelligkeit der französischen Militär-Radfahrer beträgt 14 km in der Stunde, doch kann das Tempo in Ausnahmefällen auf 22-23 km während mehrerer Stunden verschärft werden." (Der Radfahrer 1897 S.677)
    Das Fahrrad war im Fronteinsatz oft zusätzlich behindernd, also versuchten Erfinder die Räder praktischer und handlicher zu machen. *„Im französischen Generalstabe hat man seit Jah-*

ren sich eifrig mit der Verwendbarkeit des Fahrrades im Kriege beschäftigt, und besonders den Bemühungen des Majors Gérard ist es zu verdanken, daß Frankreich seit dem Jahre 1897 nicht weniger als 25 Compagnien radfahrender Infanterie außer den Meldefahrern besitzt. Ausgerüstet sind die Leute mit dem von Gérard konstruierten Klapprade. Dieses wiegt nur 14 Kilogramm, und die beiden Räder können durch ein paar einfache Handgriffe in weniger als einer Minute so zusammengeklappt werden, daß sie übereinander zu liegen kommen, und der Radfahrer sein Fahrzeug an Stelle

Ein 14jähriger vaterlandsbegeisterter Kriegsfreiwilliger, der noch nicht ahnte, was ihn im Krieg erwartete.

des Tornisters ohne jede beson-dere Schwierigkeit auf den Rük-ken zu nehmen vermag." (Schar-werker S.121ff)

Das Klappfahrrad ist also eine französische Erfindung, die be-reits vor der Jahrhundertwende für Kriegszwecke gemacht wurde. In Deutschland wurde diese Entwicklung sofort aufge-griffen, und die Firma Seidel & Naumann in Dresden baute schon 1896 ein Militärklapprad, das dem Gérards glich. Das Prin-zip, den Sattel senkrecht über das Hinterrad zu bauen, wurde ebenso übernommen wie der Klappmechanismus. Ein Unter-schied bestand: Anstelle nur ei-nes klappbaren Hauptrohres hatte das deutsche Modell zwei. Das wiederum übernahmen die Franzosen später. Auch die Ad-ler-Werke in Frankfurt bauten ein klappbares Militärfahrrad, das jedoch die herkömmliche Rahmengeometrie besaß.

In Deutschland hatten Militär-radler ihre erste große Bewäh-rungsprobe im Ersten Weltkrieg. Von 1914-1918 wurden in bis da-hin nicht für möglich gehaltenen Ausmaßen Menschen und Mate-rial eingesetzt. Neben vielen an-deren kriegstechnischen Neue-rungen hatten sich alle Länder auch mit Fahrradabteilungen be-stückt. An den Fronten standen sich etwa eine Viertelmillion Mann auf Fahrrädern gegenüber. Was jahrzehntelang in Manövern trainiert worden war, wurde bit-terer Ernst; Spähtrupps, Depe-schendienste, Telegraphenkabel-Installationstrupps, Ablen-kungsangriffe, Sabotageaktio-nen und Sanitätsdienste – alles unter Benutzung von Fahrrä-dern. Räder mit Maschinenge-wehraufbauten und Anhängern für Kanonen wurden eingesetzt.

Im Kriegsverlauf entstand eine Rohstoffknappheit für Gummi, so daß Fahrräder, wenn nötig, mit Spiralfedern oder Tauen ersatzbereift wurden. In Deutschland mußte die Zivilbe-völkerung ihre Gummireifen bei Sammelstellen abliefern.

In den Listen der Gefallenen waren viele bekannte Radsport-ler, derweil sich begeisterte, pa-

Per Postkarte warben die Express-Fahrradwerke für ihr Fahrrad.

triotische Radfahrclubs und Pfadfinderrudel mitsamt ihren privaten Maschinen freiwillig zur Front meldeten. In einer der größten Zerstörungsorgien der Geschichte zehrte sich alles auf.

Nach dem Ersten Weltkrieg wurde es still um das militärische Radfahren. In den dreißiger Jahren lebte es wieder auf. Die Hitler-Jugend der Nationalsozialistischen Partei organisierte Wanderfahrten mit paramilitärischen Geländeübungen. Die Begeisterung der Jungen für das Radfahren wurde gezielt in die Kriegsvorbereitungen miteinbezogen.

In der deutschen Wehrmacht hatte das Fahrrad wieder Bedeutung. Mit ihm rollten deutsche Soldaten nach Polen, später auch nach Rußland. In den Express-Werken bei Nürnberg wurde das alte Adler-Kriegsklapprad von 1896 wieder dafür produziert. Ansonsten benutzte das Heer handelsübliche nichtklappbare Herrenräder der Panther- und der Wanderer-Werke. Sie wurden mit Mantelhalter, Kartentasche, Maschinengewehrfutteral, Munitionskasten, Handgranatenkasten, Granatwerferaufbau oder Panzerbrechern aufgerüstet und dann ins Gefecht geschickt.

Auf den westlichen Kriegsschauplätzen kamen Fahrräder unvorhergesehen zum Einsatz.

Kriegsmäßig gerüstet trugen Drahtesel die „Pickelhauben" zum Einsatz.

Zum Tag des Deutschen Radfahrers am 24.September 1933 fahren die gleichgeschalteten Radfahrvereine zusammen mit den radfahrenden Soldaten im Berliner Lustgarten auf.

Die vor dem Überfall der Deutschen flüchtende Zivilbevölkerung Frankreichs hinterließ ungewöhnliche Mengen von Fahrrädern. Die Infanteristen der Wehrmacht übernahmen sie dankbar. Bis der Vormarsch zum Stillstand gekommen war, hatte mancher von ihnen drei Velos verbraucht.

Gegen Ende des Krieges, bei der alliierten Invasion in der Normandie, waren englische Fallschirmspringerabteilungen mit BSA-Klapp-Waffenrädern ausgerüstet.

In Asien spielt das Fahrrad bis heute nicht nur im zivilen Bereich eine weit größere Rolle als in Europa. In vielen Militäraktionen wird es dort seit der Zeit vor dem Zweiten Weltkrieg benutzt.

Japan zum Beispiel setzte es in seinen Expansionsfeldzügen seit 1937 ein. Spektakulär verlief eine Aktion, in deren Verlauf die Japaner Anfang 1942 die britische Kolonie Singapur eroberten. Sie durchquerten mit einer Radfahrertruppe den von den Engländern für unpassierbar gehaltenen malaiischen Dschungel, veranstalteten mit ein paar Mann ein riesiges Einschüchterungsfeuerwerk und nahmen die Stadt schließlich ein.

Speziell für den Militärbedarf produzierte man in Japan in den fünfziger Jahren ein Miniklapprad, das Katakura Silk. Es wurde wenige Jahre später auch in Europa als Auto- und Einkaufsvehikel vermarktet und war der Beginn der Klapprad-Ära. Es hatte winzige 16-Zoll-Räder und eine minimierte Rahmenkonstruktion. Anders als bis dahin wurde ein Fahrrad zuerst nur für militärische Zwecke entwickelt und danach zivil genutzt.

Die von den Franzosen gehaltene Festung Dien Bien Phu wurde 1954 von den Vietnamesen mit Hilfe von 20.000 französischen Peugeot-Fahrrädern zurückerobert.

Im Vietnamkrieg schließlich transportierten die Nord-Vietnamesen fast den gesamten Nachschub per Rad durch den Dschungel, bis es ihnen gelungen war, die gigantische amerikanische Militärmaschinerie zu zermürben.

In unseren Breitengraden wird das Fahrrad seit Ende des Zweiten Weltkrieges vornehmlich zivil genutzt und ist damit zu seinem ursprünglichen Gebrauch zurückgelangt.

Die Fahrrad-Sammlung
des Museums für Verkehr und Technik Berlin

Laufräder

1. Drais'sches Laufrad
2. Hobby Horse
3. Damenlaufrad

Tretkurbelräder

4. Michaux-Tretkurbelrad
5. Lallement-Velocipède
6. Fischer-Tretkurbelrad

Hochräder

7. Ariel-Hochrad
8. Wanderer-Hochrad
9. Naumann-Hochrad
10. Hölzernes Hochrad
11. Speed-Hochrad mit Luftreifen
12. Kangaroo-Rad

Gesellschaftsräder

13. Unsymmetrisches Dreirad
14. Otto-Dicycle
15. Royal-Salvo-Tricycle
16. Quadrocycle Royal Mail
17. Peugeot-Tricycle
18. Dürkopp-Zwillingsrad

Safetys

19. Humber-Safety
20. Adler-Kreuzrahmenrad
21. Eisenacher Herold

Besondere Antriebe

22. Fridolin-Holzrad
23. Kardan-Safety
24. National-Genius-Patentrad

Besondere Rahmen

25. Bambus-Damenrad
26. Viancome-Holzrad
27. Simplex-Schweberad
28. Phänomen-Schwingrad
29. Simplex-Gitterrahmenrad
30. Dursley-Pedersen-Rad

Deutsche Markenräder

31. Adler-Berg- und Talrad
32. Brennabor-Herrenrad
33. Brennabor-Damenrad „Rapid"
34. Miele-Herrenrad
35. Opel-Herrenrad „Doppel-Stabil"
36. Wanderer-Herrensportrad

Fahrräder mit Hilfsmotoren

37. Laurin & Klement-Motorzweirad
38. Flottweg-Motorfahrrad
39. Victoria-Fahrrad mit Hilfsmotor

Sessel- und Liegeräder

40. Französisches Sesselrad
41. Jaray-Sesselrad
42. Rinkowsky-Liegerad

Transport- und Lastenräder

43. Gepäck-Dreirad
44. Vorderlader
45. Bismarck-Lastenfahrrad
46. Müll-Dreirad
47. Chinesische Rikscha
48. Indonesische Rikscha

Militär-Klappräder

49. Fiat-Militärrad
50. BSA-Klapprad
51. Capitain Gérard-Klapprad

Klappräder

52. Moulton-Rad
53. Katakura-Klapprad „Silk"
54. Union-Strano-Kurzfahrrad
55. Victoria-Klapprad
56. Panther-Klapprad „Pfiff"
57. Raleigh-Klapprad
58. Duemilla-Klapprad
59. Herkules 2000
60. Dandy-Bike

Laufräder

1. Drais'sches Laufrad

Freiherr von Drais fuhr 1817 von Karlsruhe nach Kehl und führte der staunenden Öffentlichkeit vor, daß es sehr gut möglich ist, auf nur zwei Rädern zu fahren – ohne umzukippen. Er kam zwar völlig erschöpft am Ziel an, war dafür aber viermal so schnell wie sonst die Pferdepost gefahren. Drais' erste Laufmaschine bestand aus zwei Rädern, dem Verbindungsholz, den Gabeln und der Lenkstange, die einer umgeklappten Wagendeichsel glich. Später kam das Balancierbrett zum Abstützen vorne hinzu. Sein letztes Modell besaß einen höhenverstellbaren Sitz, eine Schleifbremse und einen Bagageträger.

Holzrahmen
Wagenräder
Ledersitz
Mannheim 1820, Nachbau

2. Hobby Horse

Das Hobby Horse ist die englische Laufrad-Version, die Denis Johnson in London baute, nachdem er das Drais'sche Laufrad gesehen hatte. Johnson als gelernter Kutschenbauer verfeinerte das klobige Zweirad aus Deutschland. Der Name verrät, daß das Hobby Horse den Engländern mehr zum Freizeitvergnügen denn zur Fortbewegung diente.

Holz- und Eisenrahmen
Schmuckrosetten an Rahmenenden
Holzlaufräder mit Eisenbändern
Höhenverstellbarer Sitz
London 1818, Original

3. Damenlaufrad

Denis Johnson, von Beruf Kutschenbauer, war der erste erfolgreiche Zweiradhersteller Englands. Als erstes Modell baute er das Hobby Horse. Um auch Käuferinnen zu finden, ließ er dieses Laufrad anfertigen. Der weit heruntergezogene eisenarmierte Holzrahmen erlaubte es den Ladies, die Stoffülle ihrer langen Röcke unterzubringen.

An diesem Modell wird deutlich, daß die Verwendbarkeit von Holz im Rahmenbau ihre Grenzen hat. Das Laufrad ist unhandlich und instabil. Dafür saßen die Damen bequem auf dem ersten richtigen Sattel, konnten aber nicht schnell dahinrollern.

Eisenarmierter Holzrahmen
Holzräder mit Eisenband
Ledersattel und -armstütze
Ohne Bremse
London 1820, Nachbau

Tretkurbelräder

4. Michaux-Tretkurbelrad

Jahrzehnte ruhte die Zweiradentwicklung, bis Pierre und Ernest Michaux in den 60er Jahren in Paris ein neues Fahrrad konstruierten. Ihnen verdanken wir es, daß beim Fahren die Füße von der Erde genommen wurden und die Laufbewegung des Herrn Drais durch eine Tretbewegung am Vorderrad ersetzt wurde. Der Rahmen – ganz aus geschmiedetem Eisen – verbindet den Steuerkopf direkt mit dem Hinterrad. Zum Bergabfahren können die Beine vorne am Rahmen aufgelegt werden. Damit man beim Weitertreten die rotierenden Pedalen – der Freilauf war noch unbekannt – an der richtigen Stelle trifft, hatte Michaux bronzene „Eichelpedalen" entworfen, die immer mit der Trittfläche nach oben zeigten.

Schmiedeeiserner Rahmen
Blattfeder unterm Sattel
Lederriemen-Schleifbremse
Holzlaufräder mit Eisenbändern
Paris 1867, Original

5. Lallement-Velocipède

Der Schmied und Karosseriebauer Pierre Lallement arbeitete vor 1865 in der Werkstatt von Pierre Michaux in Paris. Er reklamierte die Erfindung der ersten Tretkurbel an der alten Draisine für sich.
1864 reiste er nach Amerika und gründete mit einem Kompagnon eine Fahrradfabrik in Ausonia. Sein Velociped ließ er sich 1866 patentieren. Lallement mußte seine Pläne einer ersten großen amerikanischen Fahrrad-Produktion aus finanziellen Schwierigkeiten aufgeben. Wenige Jahre später kehrte er wieder nach Paris zurück, wo Michaux inzwischen als der Erfinder des Velocipeds gefeiert wurde und erfolgreich produzierte.

Schmiedeeiserner Rahmen
Holzspeichenräder
Schleifbremse
Verstellbarer Sitz
Paris um 1865, Original

6. Fischer-Tretkurbelrad

Der Instrumentenbauer Philipp Moritz Fischer pflegte seine Kundenbesuche auf zwei Rädern zu machen. Er fuhr zuerst eine Drais'sche Laufmaschine, bis er die Idee mit der Tretkurbel am Vorderrad verwirklichte.
In seiner Heimatstadt Schweinfurt wird behauptet, „ihr" Instrumentenbauer habe die Tretkurbel 1853 als erster erfunden. Historiker zweifeln daran, weil es keinen Beweis für diese These gibt. Vielleicht haben Michaux und Fischer gleichzeitig das Tretkurbel-Antriebsprinzip erfunden. Sicher ist aber, daß Fischers Sohn Friedrich 1883 eine mechanische Werkstatt eröffnete, dort Fahrräder baute, die „Kugelmühle" erfand und dann die Kugel-Fabrik Fischer A.G. gründete.

Holzkastenrahmen
Vorderradantrieb
Seilzugbremse hinten
Schweinfurt 1864, Nachbau
Original im Städt. Museum
Schweinfurt

Hochräder

7. Ariel-Hochrad

Der erfolgreiche Fahrrad-Fabrikant James Starley (1801-1881) verkaufte 1871 die ersten Hochräder. Als Vorlage hatte ihm ein Michaux-Tretkurbelrad gedient, das er aber für wenig fahrfreundlich hielt. Mit seinem patentierten Ariel-Hochrad fuhr er, begleitet von seinem späteren Kompagnon Hillmann, die 96 Meilen von London nach Coventry.

Neu an dem Rad waren die durch kleine Ösen gezogenen Haarnadel-Drahtspeichen.

Durch Verdrehen der Nabe mit den Bügeln lassen sich die Speichen spannen. Eine Ariel-Maschine kostete 1871 etwa 160 Goldmark, zehn Jahre später über 400.

Klassischer Hochradrahmen
50' Vorder- und 14'Stützrad
Verstellbare Tretkurbelarme
Coventry 1871, Nachbau

8. Wanderer-Hochrad

Mit dem Wanderer-Bicycle wurden vor hundert Jahren hundert Kilometer auf der Landstraße in 4 Stunden, 22 Minuten und 58 Sekunden gefahren. Für ein solches Hochrad-Tempo waren nicht nur ein guter Fahrer, sondern auch eine leichte, aber stabile Maschine notwendig. Das Wanderer-Rad wiegt circa 18 Kilogramm. Es kostete 370 Mark.

Große Werbung wurde damals für den Schnursattel gemacht, der hygienisch einwandfrei sein soll, da er luftdurchlässig und federnd wirkt. Er mußte allerdings öfter nachgespannt werden, da die Lederschnüre nachgaben.

Patentierter Stahlrücken
Doppelhohle Felgen
Tangential-Speichen
Schnursattel
Chemnitz 1886, Original

9. Naumann-Hochrad

Für die Nähmaschinen-Industrie lag es nahe, in den neuen Produktionszweig Fahrrad miteinzusteigen, da die Anforderungen an die Arbeiterschaft und an die Werkzeugmaschinen sehr verwandt waren. Fast die Hälfte der Fahrradhersteller baute zuerst Nähmaschinen, so auch Seidel & Naumann in Dresden, eine der größten Nähmaschinen-Fabriken Deutschlands.

Als dieses Hochrad im Jahre 1890 gebaut wurde, produzierte Seidel & Naumann 80.000 Näh-maschinen und nur 6.000 Fahrräder im Jahr. Diese enorme Leistung schafften 1.200 Arbeiter in riesigen Arbeitssälen.

Stahlrohrrahmen
Radialspeichenräder
Gummiklotzpedale
Zweimal vernickelte Teile
Dresden 1890, Original

10. Hölzernes Hochrad

Das Hochrad aus Holz wurde mit großer Wahrscheinlichkeit Ende der 80er Jahre des vorigen Jahrhunderts von einem Handwerker hergestellt, der sich ein industriell gefertigtes Hochrad aus Stahl nicht leisten konnte. Ein Stahlhochrad kostete ein kleines Vermögen, d.h. zwischen 300 und 600 Goldmark.

Wagner, Stellmacher, Schmiede versuchten daher, mit ihren Möglichkeiten diese englischen Maschinen zu kopieren. Ihnen fehlte allerdings das technische know how, leichte und schnelle Fahrzeuge mit ihren vorindustriellen Handwerkstechniken zu bauen.

Holzrahmen
„Nackensteuerung"
Holzspeichenräder
Deutschland ca. 1889
Original mit Nachbauteilen

11. Speed-Hochrad mit Luftreifen

Der irische Tierarzt John Boyd Dunlop(1840-1921) hatte eine geniale Idee: Statt der unelastischen Vollgummireifen bastelte er eigenhändig luftgefüllte Schläuche an das Rad seines Sohnes. Diese 1888 gemachte Erfindung war bahnbrechend für das Fahrradwesen. Die Niederräder waren bereits im Kommen, und nur noch wenige Hochräder bekamen Pneumatics.

Dieses leichte Rennrad hat eine Crypto-Übersetzung in der Vorderradnabe. Es hat die Zeit nicht unbeschadet überstanden. Die Luftreifen sind noch nicht aus dauerhaftem Material gewesen und das verbogene Vorderrad zeugt von einem Unfall.

Stahlrohr-Hochradrahmen
Tangentialspeichen
Crypto-Vorderrad-Übersetzung
Speed-Pneu-Bremse
England 1891, Original

12. Kangaroo-Rad

Das Hochrad mußte sicherer, durfte aber nicht langsamer werden. Ein Ausweg war die Kettenübersetzung am Vorderrad dieses Kangaroo genannten Sicherheitsrades. Der Durchmesser bleibt hier unter der Ein-Meter-Marke, die Beine rücken näher an den Erdboden, und der Schwerpunkt verlagert sich nach hinten.

Der Franzose Rousseau stellte 1877 sein Kangaroo in Marseille als Typ „Sûr" vor, ab 1884 baute es die englische Firma Hillmann, Herbert & Cooper in Coventry. Diese Sicherheitsräder waren sehr beliebt. Sie läuteten das Ende der Hochrad-Ära ein.

Stahlrohr-Hochradrahmen
36' Vorderrad (91 cm)
Radialspeichen
Doppelter Kettenantrieb
Marseille 1877, restauriert

13. Unsymmetrisches Dreirad

Dieses Dreirad hat den Vorteil, daß es nur in zwei Spuren läuft und der Sitz sicher in der Mitte ist. Die frühen Modelle wurden mit Hebelantrieb gebaut, der Kettenantrieb kam erst später hinzu. Angetrieben wird das große Seitenrad.

Die mittelbare Steuerung wirkt auf die kleinen Vorder- und Hinterräder gleichzeitig. Leider läßt es sich zur Seite des großen Rades hin schwieriger steuern. Die Front bei diesem Modell ist – wie beim Otto-Dicycle – offen. Es ist daher wieder besonders für Damen geeignet. Die Prinzessin von Wales fuhr ein solches zweispuriges Dreirad.

Stahlrohrrahmen
Seiten-Kettenantrieb
Gestängelenkung
Spatengriffe
Paris 1880, Original

14. Otto-Dicycle

Die Birmingham Small Arms Cie.Ltd.(BSA) baute ab 1879 nach der Erfindung von E. C. F. Otto eine Maschine aus zwei nebeneinanderstehenden Hochrädern. Tausend Stück soll die Waffenfabrik BSA produziert haben. Der „Doppel-Otto" erlaubte den Damen das Fahren mit langen Röcken.

Der Antrieb erfolgt über eine gekröpfte Trittwelle, die per Riemen die Achse antreibt, auf der auch der Sitz befestigt ist. Die Lenkung funktioniert durch zwei Bremsen auf die Räder und ist außerordentlich kompliziert zu bedienen. Das kleine Stützrad soll ein Hinten-Überkippen verhindern.

Stahlrohrachse
Zweifacher Bandzugantrieb
Patentlenkung
Radialspeichenräder
Birmingham 1885, Nachbau

15. Royal-Salvo-Tricycle

Beim Hochrad dient das Vorderrad gleichzeitig zum Steuern und zum Antrieb. Werden nun der Sicherheit wegen zwei große Räder nebeneinander und ein kleines Rad als Stützrad verwendet, sind Antriebs- und Steuerrad getrennt, ähnlich dem Niederrad-Prinzip.

Das Royal Salvo ist ein indirektes Vordersteuer-Dreirad mit seitengetriebenen Rädern. Die Lenkung erfolgt über eine Zahntriebstange auf das kleine Rad. Um ein Hintenüber-Kippen zu verhindern, gibt es hinten eine Stange mit einem winzigen Rädchen. Diese Dreirad-Bauart war – obwohl kompliziert – sehr verbreitet.

Stahlrohrrahmen
44' Seitenräder
Kettenantrieb links
Gestängelenkung
Coventry 1882, Original

16. Quadrocycle Royal Mail

Neben den einspurigen Hochrädern gab es vor hundert Jahren eine unerschöpfliche Typenvielfalt an mehrspurigen Gesellschaftsrädern. Aus dieser Zeit stammen die ersten Tandems. Auf diesem Modell konnte man sich auch fahren lassen und die Fußrasten benutzen. Es ist das typische Sociable, das in den Adelsfamilien benutzt wurde.

Das Quadrocycle hat einen Kettenantrieb links, der über eine doppelt gekröpfte Welle betrieben wird. Es erfordert eine gute Zusammenarbeit der Fahrer, die unabhängig voneinander vorne und hinten lenken können.

Stahlrohrrahmen
Spatengriffe
Bandzugbremse
Fußrasten
Coventry, 1886, Original

17. Peugeot-Tricycle

Das Dreirad war die Alternative zum Hochrad für weniger Wagemutige. Auf den drei Stützpunkten fuhr es sich geruhsam, bequem und sicher. Es war das Rad der Damen, Ärzte oder Boten der guten Gesellschaft. Die Firmen Adler und Opel boten ähnliche Dreiräder für 400 bis 500 Mark an.

Die Dreiräder haben Nachteile: Läuft ein normales Zweirad in einer Spur, so fährt ein Tricycle in drei Spuren. Auf unebenen Wegen ging es daher nur holpernd und stolpernd voran. Die Hinterradachse war das konstruktiv schwierig zu lösende Problem, da die Vorgängermodelle sich oft durchbogen.

Kreuzrahmen, gespannt
Gleitlager, Fußruhen
Band- und Löffelbremse
Frankreich 1889, Original
Restaurator Hans Fleischmann

18. Dürkopp-Zwillingsrad

Der Erfindungsreichtum der Fahrradbauer im 19.Jahrhundert war genial. Ein Beispiel ist das einspurige Zwillingsrad, von dem die Dürkoppwerke 1898 nur Einzelstücke fertigten. Sie wurden nicht verkauft, sondern zu festlichen Veranstaltungen an Radsportvereine verliehen. Mit Blumen geschmückt führten sie so manchen Fahrrad-Korso an.

Das Zwillingsrad hat eigentlich nur zwei Sitze. Der Dritte in der Mitte wird besetzt, wenn es jemand allein fährt. Wer auf diesem Tandem fährt, muß sich mit seinem Partner einig sein, da das Gleichgewicht zu halten eine Kunst ist.

Stahlrohrrahmen
Gekoppelte Lenkstangen
Zelluloid-Kettenschutz
26' Laufräder
Bielefeld 1898, Nachbau

Safetys

19. Humber-Safety

„Leichtes Auf- und Absteigen, kein Kopfsturz (vernünftigerweise) denkbar, für jede Stellung einzurichten hinsichtlich Körpergröße und Radabwicklungsverhältnisse bei einer Pedalumdrehung, leicht laufend und bequem im Sitz" wurden die ersten Niederräder gelobt (Kleyer S.15). Wegen ihrer vielen Vorzüge hießen sie auch Sicherheitsräder.

Sensationelle Merkmale dieses uns heute so vertrauten Fahrrades waren: zwei gleich große Räder, Tretkurbel zwischen den Rädern sowie Kettenantrieb über Zahnräder auf die Hinterradachse.

Die Humber & Co Ltd. in Coventry baute, wie die englischen Firmen Starley, Singer und Lawson, die ersten Niederräder. Dieses Modell kam jedoch bald wieder aus der Mode. Geblieben ist bis heute der fünfeckige Trapezrahmen.

30' Vorder-, 28' Hinterrad
Luftkissenbereifung
Blockkette
England 1896, Original

20. Adler-Kreuzrahmenrad

John Kemp Starley ließ sich sein erstes Niederrad mit dem rautenförmigen Fünfeckrahmen bereits 1885 patentieren. Der Erfolg des Niederrades zwang auch die anderen Fahrradbauer, Sicherheitszweiräder zu bauen. Hillmann, Herbert & Cooper ließen sich 1886 den Kreuzrahmen patentieren. Die deutschen Adler-Werke begannen 1886, den Hillmann-Kreuzrahmen in Lizenz zu bauen.

Die ersten Niederräder hatten noch keine Luftreifen. Die zwei gleich großen, aber dafür kleineren Räder gaben Bodenunebenheiten leichter an den Fahrer weiter als die hohen Räder. Deswegen wurde an der Vorderradgabel oft eine Spiralfeder als „Stoßdämpfer" eingebaut. Der Kreuzrahmen konnte sich gegenüber dem Diamantrahmen nicht behaupten.

Stahlrohrrahmen
Gefederte Vorderradgabel
Äolus-Patentlager
Frankfurt 1888, Original
Restaurator Hans Fleischmann

21. Eisenacher Herold

Dieses Herold-Modell taucht als erstes Sicherheits-Niederrad in den Katalogen der deutschen Fahrradfabriken vor hundert Jahren auf. Vorher gab es nur Hochräder. Ein Fahrrad mit zwei gleich großen Rädern und Kettenantrieb war damals etwas ganz Neues und faszinierte durch die Möglichkeit des leichten Auf- und Absteigens.

Dieses Zweirad gleicht dem im Opel-Katalog von 1889 abgebildeten „Opel-Blitz" und war mit 360 Mark so teuer wie ein gutes Hochrad. Die Messing-Plakette auf dem Schutzblech mit der Gravur „Herold Eisenach" deutet auf den Händler oder Besitzer hin.

Stahlrohrrahmen
30' Laufräder
Radiale Dickendspeichen
Nackensteuerung
Rüsselsheim 1889, restauriert

Besondere Antriebe

22. Fridolin-Holzrad

Das Holzniederrad mit Winkelhebelantrieb trägt am Oberrohr die Gravur „Fridolin Himmelsbach". Auch in der ersten Zeit des Niederrades war ein Stahlrad für viele unerschwinglich. Gute Handwerker versuchten, sich selbst eins zu bauen. Da das Metall noch nicht der gebräuchliche Werkstoff war, wurde in alter Tradition in Holz gebaut.

„Fridolin" zeichnet sich durch eine feine Rahmenkonstruktion sowie einen pfiffigen Winkelhebelantrieb aus. Es ist eins der seltenen Räder, bei dem die Felge noch aus Holz, die Speichen aber schon aus Stahl sind. Als Bereifung könnte Vollgummi benutzt worden sein.

Holzrahmen
Holzlaufräder mit Drahtspeichen
Winkelhebelantrieb
Höhenverstellbarer Sitz
Schwarzwald um 1890, Original

23. Kardan-Safety

Der Kardanantrieb beim Fahrrad ist fast so alt wie der des Kettenantriebes. 1882 baute der Engländer Samuel Miller in ein dreirädriges Fahrrad die ersten Kegelzahnräder ein. Denn seitdem es die Kette als Antrieb gibt, sind auch ihre Schwächen bekannt.

Die belgische „Fabrique Nationale d'Armes de Guerre", bekannt als Hersteller des FN-Gewehres, baute ab 1889 kettenlose Niederräder mit der aufwendigen linksdrehenden Welle. Zehn Jahre später wurden von den Firmen Dürkopp und Mars Fahrräder mit dem eleganteren rechtsdrehenden Kegelradantrieb gebaut.

Verstärkter Trapezrahmen
Nackensteuerung
Vollgummireifen
Linksdrehender Kegelradantrieb
Belgien 1889, Original

24. National-Genius-Patentrad

Nach dem Ketten- und dem Kardanantrieb wurden weitere Übersetzungsmöglichkeiten für das Fahrrad gesucht. Die Marke „National" überraschte 1910 mit einem Damenrad, das über Lederfederzüge funktionierte, die sich nach jedem Runtertreten durch eine Feder am Hinterrad wieder aufwickelten. Das System ist zwar reparaturanfällig, läßt sich aber bequem fahren.

Das Prinzip des Winkelhebelantriebs beschäftigte besonders die schwedischen Fahrradbauer. Ihre Erfindungen kamen auch nach Deutschland. Das Fahrrad mit dem Geniuspatentantrieb D.R.P. (Deutsches Reichs-Patent) zählt sicher zu der Kategorie „geniale Sackgassen".

Damen-Stahlrohrrahmen
26' Laufräder
Winkelhebelantrieb
Lederfederzüge
Deutschland 1910, Original

Besondere Rahmen

25. Bambus-Damenrad

Ohne das von Starley eingeführte Stahlrohr war der Fahrradbau nicht mehr denkbar. Trotzdem gab es Versuche, das Fahrrad auch aus anderen Materialien herzustellen. Mit Erfolg wurde um die Jahrhundertwende Bambus benutzt, dessen hohle Rohre ähnlich stabil sind wie nahtlos gezogene Stahlröhren.

Die Verbindungen der Bambusrohre wurden aus Metallmuffen hergestellt, die mit einem Spalt und zwei Schraubösen versehen sind. So können verschieden dicke Rohrenden mit einer Schraube fest verbunden werden. Damit das Rohr durch den Druck nicht bricht, wurde es vorher mit Holzstutzen ausgefüllt.

Bambus-Damenrohrrahmen
26' Laufräder
Vernickelte Metallhülsen
Ostasien 1900, Original

26. Viancome-Holzrad

Holz war das erste Material, aus dem Drais, Johnson und auch Michaux ihre Fahrräder bauten. Es wurde ab der Erfindung des Hochrades vollständig durch Stahl ersetzt. Lediglich für Felgen verwendete man im 20. Jahrhundert wieder Holz.

Stahlrohr war das ideale Material für den Fahrradbau: billig, stabil und leicht zu verarbeiten. In und nach Kriegszeiten allerdings waren Metallprodukte Mangelware. Als Ersatz diente oft Holz, aus dem sich keine Munition fertigen ließ.

Die italienischen Gebrüder Viancome bauten nach dem Zweiten Weltkrieg ein elegantes Fahrrad aus sogenanntem Bugholz in herkömmlicher Diamant-Rahmenform. Verbindungsteile sind aus Aluminium.

Holzmassivrahmen
26' Laufräder auf Holzfelgen
Holzkettenschutz
Angeschraubtes Aluminium-Tretlager
Turin 1944, Original

27. Simplex-Schweberad

Elastische Stahlstreifen als Federn nehmen Druck auf und verringern dessen Weitergabe. Besonders die 1805 patentierte Blattfeder, erfunden von dem Engländer Obadiah Elliott, bewährte sich im Fahrzeugbau: zuerst in Kutschen, später in Eisenbahnwagen und schließlich im Automobilbau. Für Fahrräder wurde die Blattfeder nur selten benutzt. Michaux integrierte sie in seinem Velociped-Rahmen, spätere Fahrradbauer verwendeten sie nur noch als Sattelfeder.

Eine Ausnahme bildet das in den vierziger Jahren auf den Markt gebrachte Schweberad der holländischen Fahrradfirma Simplex, das einen Gitterrahmen mit einer vierfachen Blattfeder hat. Am Ende der Feder hängt der Sattel ohne Verbindung mit der Hinterradnabe.

Stahlrohr- und Blattfederrahmen
28' Laufräder
Perri-Rücktrittnabe
Amsterdam 1947, Original

28. Phänomen-Schwingrad

Die Phänomen-Fahrradwerke in Zittau, 1888 von Gustav Hiller (1863-1913) gegründet, zählten zu den bedeutenden sächsischen Fabriken. Ihre Spezialität waren grundlegende Neuerungen wie zum Beispiel das „Phänomobil", einer der ersten dreirädrigen Kleinwagen.

Das Schwingrad bot Phänomen als das „Rad der Zukunft" an. Dank der Gummi-Drehfeder im Tretlagergehäuse werden die Unebenheiten der Fahrbahn sanft überwunden. Die Hinterradstreben sind fest mit dem Tretlager verbunden. Die Hinterradgabel fehlt.

Stahlrohrrahmen
Doppelausfall-Rohrenden
28' Laufräder
Gummi-Elementfederung
Zittau 1936, Original

29. Simplex-Gitterrahmenrad

Der ein unregelmäßiges Fünfeck umschließende Fahrradrahmen wurde gelegentlich modifiziert. Besonders im Ausland wurden neue Rahmengeometrien ausprobiert.

Aus Amsterdam kam Anfang dieses Jahrhunderts ein Gitterrahmenrad, das dem Anfang der achtziger Jahre auf den Markt kommenden französischen Gitterrahmen, auch Mixed-Rahmen genannt, sehr ähnelt.

Typisches Merkmal ist das den Steuerkopf und die Hinterradnabe verbindende Doppelrohr. Durch das abgesenkte oder später auch fehlende Scheitelrohr zwischen Lenker und Sattel sind diese Fahrräder besonders bei den sportlicheren Radlerinnen beliebt.

Stahlrohrgitterrahmen
28' Laufräder
Holzfelgen
Reformsattel
Amsterdam 1909, Original

30. Dursley-Pedersen-Rad

Der Däne Mikael Pedersen (1855–1929) fuhr in seiner Jugendzeit leidenschaftlich gern Fahrrad, störte sich aber am unbequemen Sattel. Er konstruierte einen neuen Rahmen, zog 1893 nach Dursley in England, erhielt dort das Patent für sein Fahrrad und gründete eine Fahrradfabrik.

Da der Sattel nicht verstellbar war beim Pedersenrad, gab es das Herrenmodell in acht Größen. Ab 1899 wurde ein Damenrad in drei Größen angeboten. Zum südafrikanischen Burenkrieg gab es nach 1900 auch die klappbare Militär-Version.

Andere Fahrradfabriken bauten das Pedersenrad in Lizenz. 1903 bot der Däne erstmals eine Gangschaltung an, die jedoch Anlaß zu vielen Beschwerden war.

Doppelstahlrohrrahmen
Triangelkonstruktion
26' Laufräder
Bindfadensattel
England um 1920, Original

Deutsche Markenräder

31. Adler-Berg- und Talrad

Bergtaugliche Fahrräder wie heute die Mountain-Bikes gab es bereits vor einem knappen halben Jahrhundert. Die bekannte Frankfurter Firma, ehemals von Heinrich Kleyer gegründet, brachte in den vierziger Jahren das Adler-Berg- und Talrad auf den Markt.
Statt der an Mountain-Bikes üblichen 18 Gänge besaß dieses sehr auf Stabilität ausgerichtete Fahrrad eine 3-Gang-Tretlagerschaltung und eine 2-Gang-Hinterradnabe.

Das Berg- und Talrad war für Fahrten bei Dunkelheit besonders gerüstet: Eine am Sattelstützrohr angebrachte Batterie sorgte für das Standlicht und die Riemann-Lampe vorn ist mit zwei Glühbirnen ausgestattet.

Diamantrohrrahmen
26' Laufräder mit Trommelbremsen
Tragegriff oberhalb des Tretlagers
3-Gang-Tretlagerschaltung
Frankfurt, 1949 Original

32. Brennabor-Herrenrad

Carl Reichstein, Sohn einer Korbmacherfamilie, hat – während seiner Wanderjahre – auf der Pariser Weltausstellung 1867 die ersten Velocipede gesehen. 1871 gründete er in seiner Heimatstadt Brandenburg die Kinderwagen- und Kindervelocipede-Fabrik Brennabor.
Sehr bald stieg Reichstein ins aufblühende Fahrradgeschäft ein. Später wurde er sogar Vorsitzender des Vereins Deutscher Fahrrad-Industrieller. Als dieses Herren-Fahrrad die Fabrikhallen in Brandenburg verließ, beschäftigte Brennabor über 7.000 Arbeiter; der ehemals familiäre Handwerksbetrieb hatte sich zu einer bedeutenden Fabrikanlage gemausert.

Stahlrohrrahmen
28' Laufräder
Holzdekorfelgen
Batterie-Lampe
Brandenburg 1920, Original

33. Brennabor-Damenrad „Rapid"

Das Ballonrad von Brennabor war Ende der zwanziger Jahre modern. Es zog sogar in den Rennsport ein. Die Firma lobte sich selbst: *„Spielend leichter und erschütterungsfreier Lauf. Überall verwendbar, selbst da, wo das Normalrad versagt. Nicht schwerer als das hochdruckbereifte Normalrad."*
Auch die Verchromung schilderte Brennabor in seinem eigenen Katalog in den besten Tönen und bezeichnete sie als so gut wie unzerstörbar. Sie basierte auf einer fünffachen Bearbeitung: Das fein geschliffene Stück wurde zweimal abwechselnd mit Kupfer und Nickel überzogen, bevor es verchromt wurde.

Stahlrohrrahmen
26' Ballonreifen
Torpedo-Rücktrittnabe
Glockenlager
Brandenburg 1933, Original

34. Miele-Herrenrad

Die Waschmaschinenfabrik Miele in Gütersloh und Bielefeld sorgte sich nicht nur um die schmutzige Wäsche anderer, sondern baute auch Fahrräder. 1957 wurde die Produktion der Zweiräder zugunsten des beginnenden Spülmaschinengeschäfts aufgegeben. In den 50er Jahren zählte die Firma 4.000 Mitarbeiter.

Miele ist, wie die anderen Fahrradhersteller auch, ein Unternehmen in Familienbesitz. Es machte sein Geschäft mit der Propagierung des elektrischen Waschens, so daß in den 50er Jahren über die Hälfte der Haushalte mit Waschmaschine eine „Miele" hatte.

Stahlrohrrahmen
Torpedo-Rücktrittnabe
Original Miele-Zubehör
Gütersloh 1950, Original

35. Opel-Herrenrad „Doppel-Stabil"

Die 1862 von Adam Opel (1837-1895) gegründete Nähmaschinenfabrik in Rüsselsheim baute 1886 das erste Fahrrad, ein Hochrad.

1935, als die Adam Opel AG bereits für über 33 Millionen Dollar zu hundert Prozent an den amerikanischen Konzern General Motors verkauft war, stand in Rüsselsheim die größte Fahrradfabrik der Welt. Jährlich verließen über 300.000 Fahrräder das Werk. Zwei Jahre später stellte Opel die Fahrradproduktion ein.

Die Fertigungsanlagen übernahm NSU in Neckarsulm.

Leichtigkeit und Stabilität versprachen und hielten die Opel-Konstruktionen. Das gilt auch für diesen ab 1931 gebauten „Doppel-Stabil"-Typ, bei dem der Rahmen aus zwei schmalen Stahlrohrpaaren besteht.

Doppel-Stahlrohrrahmen
28' Laufräder
Torpedofreilaufnabe
Rüsselsheim 1935/36, Original

36. Wanderer-Herrensportrad

Die in Schönau bei Chemnitz hergestellten Wanderer-Räder sind von solider Bauart. Die Stahlrohrrahmen wurden bei vielen Modellen durch Außenmuffen verbunden, die bei diesem Modell sogar noch extra verschraubt sind.

Markenzeichen dieser sächsischen Räder ist die tiefschwarze, dreifache, stoß- und schlagfeste Lackierung. Die blanken Teile sind verchromt. Ein solches Rad kostete – je nach Ausstattung – 67 bis 97 Reichsmark und mit einem Saxonette-Motor 238 RM.

Zerlegbarer Stahlrohrrahmen
28' Laufräder
Torpedo-Rücktrittnabe
Original Wanderer-Zubehör
Chemnitz 1940, Original

Fahrräder mit Hilfsmotoren

37. Laurin & Klement-Motorzweirad

Der Radsportler Václav Klement und der Mechaniker Václav Laurin begannen 1895 in Jungbunzlau mit der Fahrradherstellung. Durch die Krise auf dem Fahrradmarkt 1898 mußten sich auch Laurin und Klement nach anderen Produkten umsehen. Klement fuhr deshalb nach Paris und kaufte dort die Lizenz zum Bau der Werner-Motocyclette. Nach dem Einbau der ersten Motoren in die üblichen Fahrradrahmen erkannte Laurin, daß man den Motor nicht dem Fahrrad anpassen muß, sondern umgekehrt den Motor als Ausgangspunkt nehmen, um dafür einen neuen Rahmen zu konstruieren. Andere hielten noch lange an der alten Konzeption „Fahrrad plus Motor" fest.

Die zweieinhalb-PS-starke Antriebskraft wurde durch einen flachen Lederriemen übertragen.

Stahlrohrrahmen
Vorderradfederung
Riemenantrieb
Jungbunzlau 1902, Original

38. Flottweg-Motorfahrrad

Das Besondere dieses Motorfahrrades der Münchner Otto-Werke ist die Anbringung des ca. ein PS starken Motors an dem Steuerrohr auf dem Vorderrad. Das Flottweg-Modell wurde nur mit einem Damenrahmen geliefert. Es ist durch die ungünstige Gewichtsverlagerung etwas unhandlich.

Die Otto-Werke GmbH München (1910-1926) waren ein Unternehmen von Gustav Otto, Sohn des Viertaktmotor-Erfinders N.A.Otto und Gründer der Flugmaschinenwerke, die er 1915 an die Bayerischen Flugzeugwerke verkaufte. Aus den Werken wurde später BMW. Otto beschränkt sich auf den Bau von Fahrrad-Hilfsmotoren.

Damen-Stahlrohrrahmen
Viertaktmotor, 5 ccm, 1,2 PS
Stehende Ventile
Kettenantrieb zum Vorderrad
München 1922, Original

39. Victoria-Fahrrad mit Hilfsmotor

Die Victoria-Werke in Nürnberg, gegründet 1886, gehörten einst zu den größten Fahrradfirmen Deutschlands. Sie hatten auch Motorräder gebaut. Nach dem Zweiten Weltkrieg gab es diese Sparversion im Fahrradrahmen. 1958 wurde Victoria mit den Nürnberger Expreß-Werken und DKW von der Auto-Union zur Zweirad-Union verschmolzen.

Da die Motorisierungswelle in den fünfziger Jahren hochschwappte, boten die Victoria-Werke ihren Einbau-Motor auch als Bausatz, passend für jedes stabile Fahrrad an. Die Montage wurde durch die Victoria-Vertreter garantiert.

Stahlrohrrahmen
Gefederte Vorderradgabel
1 PS-Zweitaktmotor
Trommel-Vorderradbremse
Nürnberg 1954, Original

Sessel- und Liegeräder

40. Französisches Sesselrad

Die Fahrradindustrie in Frankreich entwickelte die ersten Sesselräder. Ein sehr langgezogener Rahmen und ein Sitz mit Armlehne ermöglichen angenehmes und doch schnelles Fahren. Die menschliche Antriebskraft ist sitzend ausgeführt größer. Gleichzeitig vermindert sich der Luftwiderstand.

Die Räder sind für damalige Reifenverhältnisse sehr klein – allgemein üblich waren 28 Zoll. Der Fahrer kann so nicht sehr tief fallen, wenn er das Gleichgewicht verliert. Das Problem aller aerodynamischen Zweiräder ist – immer noch – die Balance.

Stahlrohrrahmen
22' Vorder-, 26' Hinterrad
Indirekte Lenkung
Frankreich 1914, Original

41. Jaray-Sesselrad

Paul Jaray (1889-1974), Erfinder der Stromlinie, versuchte sein aerodynamisches Prinzip auch für den Fahrradbau nutzbar zu machen. Ziel des Flugzeug- und Auto-Ingenieurs war es, den Luftwiderstand zu minimieren. Eine Serie Jaray-Sesselräder wurde von den Hesperus-Werken in Stuttgart hergestellt.

Der Fahrer sitzt bequem nah über dem Boden auf einem extra gut gepolsterten „Sessel" und tritt nach vorne auf „die Seile". Die Konstruktion bietet beachtenswerten Fahrkomfort. Es ist das Harley-Davidson-Modell in der Fahrradpalette.

Stahlrohrrahmen
Pedal-Hebel-Antrieb
20' Vorder-, 26' Hinterrad
Torpedo-Mehrgangnabe
Stuttgart 1922, Original

42. Rinkowsky-Liegerad

Anfang der sechziger Jahre griff der Leipziger Ingenieur Rinkowsky die Idee eines stromlinienförmigen Fahrrades von Jaray wieder auf und entwickelte sie weiter. Das Ergebnis war ein Liegerad mit stromlinienförmigen Pedalen und Rädern – übrigens mit den ersten Gürtelreifen am Fahrrad.

Ohne übermäßige Anstrengung erreicht man mit diesem Fahrrad 50 Stundenkilometer. Es läßt sich trotz der langen Kettenübersetzung sehr leicht fahren. Rinkowsky hat ergonomisch genau berechnet, wie der Fahrer am günstigsten liegen muß, um gut durch den Wind zu kommen. Sein Rad ging aber nicht in Serie.

Stahlrohrrahmen
4-Gang-Kettenschaltung
Luftgefederter Sitz
Vorderradfederung
Leipzig 1960, Prototyp

43. Gepäck-Dreirad

"Denn in den Städten ist die Frage des Transports grosser Quantitäten von Waren für sehr viele Geschäfte ein ungelöstes Problem, indem Wagen und Pferd viel Geld kostet und für alle diejenigen Geschäfte, welche viele Waren zu bestellen haben, die Beförderung durch Boten zu teuer ist", schreibt der „Rad-Markt" 1896. Daher boten viele Fahrrad-Fabriken diese Lasten-Dreiräder an.

Der Warenkasten wurde je nach Kundenwunsch extra hergestellt und beschriftet. Stabile Federn unter dem Holzkasten sorgten dafür, daß die Ware nicht allzusehr durchgerüttelt wurde.

Stahlrohrrahmen

44. Vorderlader

Während die Dreiräder mit großem Ladekasten noch um die Jahrhundertwende zum regulären Programm der Fahrrad-Produktion gehörten, mußte der Bedarf an solch nützlichen Fahrzeugen in den folgenden Jahrzehnten durch Sonderanfertigungen oder Selbstbauten gedeckt werden.

Dieses Lastendreirad hat Motorradfelgen, die für das Hinterrad im Selbstbau verstärkt wurden. Für schwere Lasten ist das normale Fahrrad nicht ausreichend. Hier zeigen sich die Grenzen des Transportdreirads, das in dieser Bauweise recht schwerfällig und schlecht manövrierbar ist.

Stahlrohrrahmen
28' Hinter-, 26' Vorderrad
Holzlade auf Blattfedern
Feststell-Trommelbremse
Niederlande, ev. zwanziger Jahre

45. Bismarck-Lastenfahrrad

Die nach dem Reichskanzler Otto von Bismarck benannten Fahrrad-Werke im rheinländischen Bergerhof bei Radevormwald wurden in den neunziger Jahren als GmbH gegründet. Bis vor kurzem konnten sie sich auf dem Zweiradmarkt halten: 1984 wurden die Bismarck-Fahrradwerke aufgelöst.

Das Transport-Fahrrad mit dem großen Gepäckhalter über dem Vorderrad ist ein besonders stabiles Rad, mit dem früher viele kleine Betriebe ihre Kunden belieferten. Der Bäckerjunge fuhr damit – wenn alles noch schlief – die Brötchen von Haustür zu Haustür.

Stahlrohrrahmen
26' Hinter-, 20' Vorderrad
Bremszug im Lenkerrohr
Vorderradständer
Radevormwald 1934, Original

46. Müll-Dreirad

In den Niederlanden war das Fahrrad von jeher ein besonders wichtiges Transportmittel. Noch heute gehören dort die zahlreichen „fietsen" zum Straßenbild.

In den engen Gassen der alten niederländischen Grachtenstädte waren solche Müllkasten-Räder von praktischer Bedeutung. Der „Müllkutscher" kam überall hin, weil er sein Dreirad problemlos manövrieren und stehenlassen konnte. Gleichzeitig hatte er viel Platz für den Dreck der Straße. Weniger angenehm wird der Geruch direkt vor seiner Nase gewesen sein.

Alu-Behälter mit Besenhalter
26' Ballonreifen
Feststellbremse hinten
Blattfedern vorne
Niederlande 1930, Original

47. Chinesische Rikscha

Die Rikscha war ursprünglich ein zweirädriger Wagen, der von einem Kuli gezogen wurde. Ihr Name kommt aus dem Japanischen und bedeutet eigentlich „Jinrikisha": jin = Mann, riki = Kraft und sha = Last, also die von der Kraft eines Mannes fortbewegte Last.

Viele Männer Asiens stiegen auf die Fahrradrikscha um und setzten ihre auf dem Pflaster hartgelaufenen Fußsohlen lieber auf die Pedale, um für ihren kärglichen Lebensunterhalt zu strampeln, Doch auch mit einer Tretrikscha ist es beschwerlich, die Menschenfracht durch den lärmenden und stinkenden Verkehr zu fahren. Und oft genug müssen Rikschafahrer sich Beschimpfungen durch Taxi- und andere Pkw-Fahrer gefallen lassen, die in den Dreirädern nur eine Verkehrsbehinderung sehen.

Stahlrohrrahmen
Fahrgastsitz auf Spiralfedern
Zuschaltbarer Rückwärtsgang
Hongkong 1960, Original

48. Indonesische Rikscha

Die Dreirad-Rikschas heißen in Indonesien „Becaks". Der Fahrer sitzt hinten und schiebt den Fahrgast förmlich als Stoßstange vor sich her. Tausende von Südostasiaten arbeiten mit diesen „Fahrrad-Taxis" für ihren kärglichen Lebensunterhalt im Verkehrs-Chaos der großen Städte.

Wer es sich erlauben kann, läuft nicht selbst durch die heißen Straßen, sondern läßt für wenig Geld den Becak-Fahrer strampeln, der manchmal auch mehrere Fahrgäste vor sich herschieben muß. Djakartas Stadtverwaltung will viele Rikschas abschaffen und hat 1986 etwa 20.000 in die Java-See gekippt.

Stahlrohrrahmen
28' Laufräder
Nabe ohne Freilauf
Felgenbremse hinten
Surubaya 1960, Original

Militär-Klappräder

49. Fiat-Militärrad

In Italien wurden die ersten Staffetten in den achtziger Jahren mit Fahrrädern ausgestattet. Die Radfahrer wurden nicht im Kampf eingesetzt, sie mußten Kurier- und Meldedienste übernehmen. Im gebirgigen Italien werden die Radfahrer ihr Zweirad oft auf die Schulter genommen haben, um es zu tragen. So oder ähnlich entstand die Idee und das Bedürfnis nach einem Klapprad, das auch mal als Tornister auf dem Rücken getragen werden kann. Da der Soldat mit dem Fahrrad manövrierfähig sein mußte, wurden die Klapp-Kriegsräder mit Schnellspann-Verschlüssen ausgestattet. Dieses Fiat-Militärrad hat Vollgummireifen. Damit der Krieger nicht so arg geschunden wird, sind Vorder- und Hinterradgabel gefedert.

Stahlrohrrahmen
Kolbenfederung
Schnellspanner
Felgenbremsen
Turin 1915, Original

50. BSA-Klapprad

The Birmingham Small Arms Company Ltd. (BSA) war eigentlich eine Waffenfabrik. Da liegt es nahe, auch Fahrräder für Kriegszwecke zu produzieren. Dieses an einen Fisch erinnernde Rahmenmodell besteht aus Parallelrohren, die sich durch die Flügelmuttern schnell aufklappen lassen. Die stolze englische Firma BSA hat ihre drei Buchstaben sogar in das Kettenblatt mit eingearbeitet.

Britische Fallschirmjägereinheiten sollen dieses Klapprad auf dem Rücken gehabt haben, als sie im September 1944 bei Arnheim ins Land fielen. Um sich möglichst wenig zu verletzen, konnten die Pedale nach innen geschoben werden.

Doppel-Stahlrohrrahmen
Felgenbremsen
26' Laufräder
Einschiebbare Bolzenpedale
Birmingham 1916, Original

51. Capitain Gérard-Klapprad

Der französische Major Gérard in St. Quentin baute ein erstes kriegstaugliches Klapprad mit einem neuen Kreuzrahmen. Der hintere Teil schmiegt sich viertelkreisförmig an das Rad an, der Sattel befindet sich über der Hinterradnabe und als Verbindung zum Vorderrad dient nur ein teilbares Rohr.

Die Firma Seidel & Naumann in Dresden baute kurz darauf ebenfalls so ein Klapprad, das aber statt des einen Hauptrohres bei Gérard zwei übereinanderliegende besaß. Bereits im Frühjahr 1896 hatte Kommerzienrat Naumann dem König von Sachsen und dem deutschen Kaiser sein Klapprad zur Prüfung vorgelegt.

Gérard übernahm die Konstruktion aus Dresden.

Stahlrohrrahmen mit Scharnieren
26' Laufräder
Ledertrageriemen
Stempelbremse durchs Steuerrohr
St. Quentin 1897, Original

Klappräder

52. Moulton-Rad

Vier Jahre lang baute Alex Moulton Prototypen von Rädern mit 14- und 16-Zoll-Rädern, bis er 1960 ein ausgereiftes Modell der Firma Raleigh anbot, die aber ablehnte. So wurde er kurzentschlossen selbst zum Fahrradproduzenten. 1967 verkaufte er das gut gehende Geschäft an Raleigh. Heute zählt ein Moulton-Rad zu den Spitzenrädern der Welt.

Der Stoßdämpfer im Gabelrohr und die Gummifederung des Hinterrades – Markenzeichen der Moulton-Räder – verraten Moulton als Ingenieur aus der Auto-Hydraulik. Mit einer Rennrad-Version wurde 1962 sogar ein Straßenweltrekord gebrochen.

Zentralrohrrahmen
16' Laufräder
Gabel mit Teleskopfeder
Hinterradfederung
Bradford 1965, Original

53. Katakura-Klapprad „Silk"

Die japanische Firma Katakura Cycle Co. Ltd. in Osaka entwickelte aus ihrem extra für den Vietnamkrieg gebauten Militärfahrrad „Silk" das Automobilfahrrad. Es hatte im asiatischen Dschungelkrieg den Südvietnamesen als Nachschubfahrzeug gedient.

Die zivile Silk-Version stellte 1963 der Düsseldorfer Fahrrad-Händler Volke als erstes japanisches Klapprad in Deutschland vor. Es soll sich in 20 Sekunden ohne Werkzeug auf- oder zusammenbauen lassen. Gefaltet hat es nur noch eine Größe von 70x60x29 cm. Im Kofferraum eines Wagens lassen sich bis zu fünf Stück verstauen.

Preßstahlrahmen
20' Laufräder, Klapp-Pedal
Geteilter Lenker, umlegbar
Mitdrehender Kettenschutz
Osaka 1963, Original

54. Union-Strano-Kurzfahrrad

Ein Außenseiter unter den Fahrrädern für den Autofahrer war das Strano-Rad. Zur Mitnahme im Kofferraum braucht dieses Kurzfahrrad, das 55 cm kürzer ist als ein normales Zweirad, nicht zerlegt werden. Es ist sowieso nicht mehr als ein „fahrbarer Stuhl".

Der Steuerkopf des 12-Zoll-Vorderrades liegt zwischen den Knien des Fahrers, der Sattel sitzt fast über der Hinterradnabe, der Lenker führt unter die Oberschenkel, gelenkt wird seitwärts.

Hersteller und Fahrer dieses Zweidrittel-Fahrrades hatten gleichermaßen Mut. Es blieb eine Kuriosität.

Zentralrohrrahmen
12' Vorder-, 24' Hinterrad
Renak-Rücktrittnabe
Abnehmbarer Lenker
Den Hulst 1958, Original

55. Victoria-Klapprad

Fast die Hälfte der Klappradmodelle um die Mitte der sechziger Jahre hatten normale, meist 26-Zoll-Damenrahmen, die zusätzlich mit Schnellverschlüssen ausgestattet waren. Der Käufer konnte wählen zwischen den Marken Falter, Göricke, Gritzner, Panther, Schminke, Victoria und Westerheide.

Die Zweirad-Union brachte ein zerlegbares 26-Zoll-Damenfahrrad 1961 als Victoria- oder Expreß-Rad auf den Markt. Es kostete 258 Mark. Bis auf die Schnellspannverschlüsse an den doppelten Rahmenrohren unterscheidet es sich kaum von den übrigen Damenrädern, läßt sich aber auf 93 x 90 x 39 cm zusammenlegen.

Damen-Stahlrohrrahmen
26' Laufräder, Autoventile
Abnehmbarer Express-Lenker
F & S-Rücktrittnabe
Nürnberg 1961, Original

56. Panther-Klapprad „Pfiff"

Die Pantherwerke sind eine der ältesten Fahrradfabriken Deutschlands. 1896 wurden sie in Magdeburg gegründet, 1908 zogen sie nach Braunschweig um, und 1962 übernahm sie der Firmenaufkäufer Schminke, der die Produktion erst nach Bad Wildungen und später nach Essen verlegte.

Die Firma mit der wechselvollen Geschichte wagte sich sehr früh auf den Klapprad-Markt. Als die Japaner und Italiener schon Modelle mit 16-Zoll-Rädern bauten, traute Panther sich nur, bis auf 20 Zoll herunterzugehen. „Pfiff" von Panther war über zehn Jahre lang ein Verkaufsschlager.

Einrohr-Rahmen
Steckmechanismus
89 x 55 x 22 cm geklappt
20' Laufräder
Bad Wildungen 1964, Original

57. Raleigh-Klapprad

Als größte Fahrradfabrik der Welt brachte der Raleigh-Fahrradkonzern 1965 dieses Klapprad „RSW Compact" auf den Markt. Das gleiche Modell konnte auch ohne Scharnierbindung im Rahmenrohr erworben werden und hieß dann Familien- oder Universalrad.

Mit einer intensiven Verkaufswerbung bot die englische Firma ihr Rad als Kurzstrecken-Verkehrsmittel an. Anders als bei den bisherigen Klapprädern knickt das zentrale Rahmenrohr durch einen Federmechanismus ein. Der zweigeteilte Lenker läßt sich mit der Rändelschraube nach unten klappen.

Zentralrohrrahmen
16' Laufräder, Autoventile
Freilauf-Dreigang-Nabe
Lenkerschaltdrehgriff
Nottingham 1967, Original

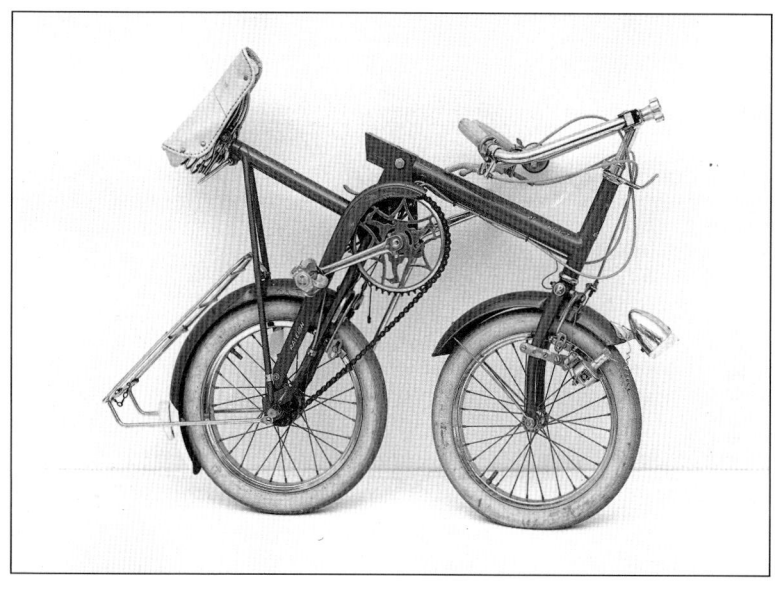

58. Duemilla-Klapprad

Die Klapprad-Welle ebbte in den 70er Jahren wieder ab. Die sportlichen Radfahrer ließen sich nicht auf Dauer von der Technik des faltbaren Rades überzeugen. Die Rahmenkonstruktion war zu schwer und die Übersetzung durch die kleinen Räder zu ungünstig, wenn man schnell vorwärtskommen wollte.

Nach einem knappen Jahrzehnt war der Markt gesättigt. Verkaufserfolge ließen sich nur noch mit Extravaganzen erzielen wie diesem italienischen Duemilla-Rad in ausgefallenem Design. Der Rahmenbau und das integrierte Vorderlicht lassen das Rad futuristisch aussehen.

Preß- und Rohrrahmen
20' Laufräder
Integrierte Beleuchtung
Sichelgabel
Padua 1968, Original

59. Herkules 2000

Die Herkules-Werke, 1886 von Carl Marschütz in Nürnberg gegründet, bauten schon 1889 Kreuzrahmenräder – die Vorfahren des heutigen 2000er-Modells. Motorräder, Mopeds, Mofas, aber auch Stahlrohrmöbel und Milchkannen verließen die Herkules-Tore.

Als die Fahrradfirmen in den fünfziger Jahren in Absatzschwierigkeiten kamen, glänzte Herkules durch Sondermodelle in extravaganten Farben. Dem allgemeinen Klapprad-Trend folgend bot Herkules, die spätere Fichtel & Sachs-Tochter, dieses Modell 2000 ab 1970 als zweiteilige Steckrahmen-Konstruktion an.

Preßstahlrahmen
Stützstege am Rohr
26' Laufräder
Dreigang-Rücktrittnabe
Nürnberg 1951, Original

60. Dandy-Bike

Eine gelungene Neuschöpfung für den Bau von Fahrrädern ist dieser Cantilever-Rahmen. Er wurde in Japan ab 1966 für den amerikanischen Markt produziert. Der übliche trapezförmige Fünfeck-Rahmen ist durch ein Dreieck mit zwei gebogenen Schenkeln ersetzt worden.

Statt der gewohnten Einheitsrohre im Rahmenbau wurden schlankere Doppelrohre genommen, die sowohl eleganter als auch stabiler sind. Der Materialverbrauch ist übrigens der gleiche. Trotzdem hat sich dieses Zweirad-Modell gegen das altbekannte Niederrad nicht durchsetzen können.

Doppelrohrrahmen
26' Laufräder
Rahmenscheinwerfer
Bandbremse
Japan 1966, Original

Namensregister

Literatur

Adler Fahrräder 1900 (Katalog), Frankfurt 1900

Adler Fahrräder 1901 (Katalog), Frankfurt 1901

Adler Räder 1904 (Katalog), Frankfurt 1904

Adler Motor Veteranen Club (Hg.), 100 Jahre Adler, 1880-1980, Heinrich Kleyer ein Pionier der Technik im 19. und 20.Jahrhundert, Festschrift

Arno Arndt, Berliner Sport, Berlin/Leipzig 1906

Eduard Bertz, Philosophie des Fahrrades, Dresden und Leipzig 1900

Fernand Braudel/Ernest Labrousse (Hg.), Wirtschaft und Gesellschaft in

Frankreich im Zeitalter der Industrialisierung 1789-1880, Band 1, Frankfurt 1986

Karl Biesendahl, Katechismus des Radfahrsports, Leipzig 1897

Walter Boßhardt/Henry Eggenberger, Rennfahrer-Schicksale, Zürich 1950

Brennabor-Räder 1910, Haupt-Katalog der Brennabor-Werke Brandenburg a.Havel

Fredy Budzinski, Das Berliner Sechs-Tage-Rennen, Berlin 1909

Eric C. Claxton, The Bicycle offers Freedom, Health, Mobility and Safety to Urban Communities, in: Tekniska Museet Symposia. Transport Technology and Social Change. Symposium No. 2, 1979. Stockholm 1980, S. 187 ff

Deutsche Sozialgeschichte, Band II, 1870-1914, München 1974

Karl Friedrich Drais von Sauerbronn 1785-1851, ein badischer Erfinder. Ausstellung zu seinem 100.Geburtstag, Katalog hg. von der Stadt Karlsruhe, Stadtarchiv, Karlsruhe 1985

Hermann Ebeling, Der Freiherr von Drais, Karlsruhe 1985

Rudolf Eger, Karl von Drais, der Erfinder des Fahrrades, in: ders., Genie ohne Erfolg, Einsiedeln 1957

Erich Eicker, Der Ausbau der deutschen Fahrradindustrie, Diss. Köln 1929

C.Fressel, Der Radfahr-Sport vom technisch-praktischen und ärztlich-gesundheitlichen Standpunkte, Neuwied 1896

C.Fressel, Das Radfahren der Damen vom technisch-praktischen und ärztlich-gesundheitlichen Standpunkte, Neuwied & Leipzig 1897

Artur Fürst, Weltreich der Technik, Band II, Berlin 1924

Wolfgang Gronen/Lemke, Geschichte des Radsports und des Fahrrads von den Anfängen bis 1939, Eupen 1978

Heinrich Hauser, Opel, ein Deutsches Tor zur Welt, Frankfurt 1937

Hermann Jatzke, Deutsches Magazin zur Eröffnung des Deutschen Museums in München und aus Anlaß der Eröffnung der Deutschen Verkehrsausstellung ebenda, als Sonderausgabe des „Deutschen Magazins", Nürnberg 1925

Gritzner Fahrräder, Katalog der Maschinenfabrik Gritzner A.-G., Durlach (Baden) o.J.

Gritzner Fahrräder 1912, Maschinenfabrik Gritzner A.-G. Durlach (Baden)

Henneking, Der Radfahrverkehr, seine volkswirtschaftliche Bedeutung und die Anlage von Radfahrwegen, Magdeburg, November 1927

Hermann Jatzke, Deutsches Magazin „Zur Eröffnung des Deutschen Museums in München und aus Anlaß der Eröffnung der Deutschen Verkehrsausstellung, ebenda als Sonderausgabe des ‚Deutschen Magazins'", Nürnberg 1925

Jerome K.Jerome, Drei Männer auf einem Bummel, 1900, Reprint: Frankfurt 1985

Paul Kirsten, All Heil! Velociped-Geschichten für Sportsfreunde und Jedermann, Dresden/Leipzig 1888

Egon Erwin Kisch, Mein Leben für die Zeitung, 1926-1942, Berlin 1983

Heinrich Kleyer, Die Geschichte des Fahrrades, Berlin (vermutl.1916)

Heinrich Kleyer – ein Pionier der Technik im 19. und 20.Jahrhundert, Festschrift – Ausschreibung, Höxter 1980

Joachim Krausse, Versuch, auf's Fahrrad zu kommen. Zur Technik und Ästhetik der Velo-Evolution, in: Zwischen Fahrrad und Fließband, absolut modern sein, culture technique in Frankreich 1889-1937, Ausstellungskatalog der NGBK, Berlin 1986, S. 59-74

Anita Kugler, Arbeitsorganisation und Produktionstechnologie der Adam Opel Werke (von 1900 bis 1929), Berlin 1985

Otto Landauer, Geschäftshaus 1.Ranges für Damen-Moden, Katalog für Radfahrerinnen-Costumes, München

Alexander Lang, Die Adler Fahrradwerke vorm. Heinrich Kleyer Frankfurt a.M. 1880-1905, Rückblick in den Ursprung und Werdegang eines industriellen Grossbetriebes, Festschrift, Berlin 1905

Georg Lehnert/E.Rollinger, Radfahren, herausg. von der Redaktion des Guten Kameraden, Stuttgart/Berlin/Leipzig 1922 (3.Aufl.)

Pierre Léon, Die Eroberung des nationalen Raumes, in: Fernand Braudel/Ernest Labrousse (Hg.), Wirtschaft und Gesellschaft in Frankreich im Zeitalter der Industrialisierung 1789-1880, Band 1, Frankfurt 1986

Hans-Erhard Lessing, Das Fahrradbuch, Reinbeck 1978

Hans-Erhard Lessing (Hg.), Fahrradkultur 1, Der Höhepunkt um 1900, Reinbek b.Hamburg 1982

Herbert Liman, Radwege in Berlin, 1975

Jan Michael, Ein Buch vom Fahrrad, mit 22 Plakaten aus seiner Glanzzeit, Amsterdam 1980

Gerhard Mirsching, Wanderer, Lübbecke 1981

Paul Möller, Maschinen und Geräte zur Herstellung von Fahrrädern, in: Zeitschrift des Vereins deutscher Ingenieure, 1897-98

Neckarsulmer Fabrikate Modelle 1908 (Katalog), Neckarsulmer Fahrradwerke A.G.

Heinz Peters, „Gallia" – Der Opernsiegfried mit dem Petroleum-Gral, in: Das frühe Plakat in Europa und den USA. Bd. 2: Frankreich und Belgien. Berlin 1977, S.CIff

Helmuth Poll, Ausflug nach Utopia. Der einzelne und sein Fahrrad, in: Aufriss. Schriftenreihe des Centrum Industriekultur. Jg. 1, H. 2. Nürnberg 1082, S. 59ff

Helmuth Poll, Fahrradproduktion – von der Werkstätte zur industriellen Massenproduktion, in: Aufriss. Schriftenreihe des Centrum Industriekultur. Jg. 1, H. 2. Nürnberg 1982, S.

Michael Rauck, Karl Freiherr Drais von Sauerbronn, Erfinder und Unternehmer (1785-1851), Wiesbaden 1983

Max Rauck/Gerd Volke/ Paturi, Mit dem Rad durch zwei Jahrhunderte, Aarau 1978

Carl Reichstein, Meine Lebenserinnerungen, Brandenburg o.J.

Jack Rennert, 100 Years of Bicycle Posters. New York 1973, Deutsche Ausgabe Berlin 1974

Karl Riha (Hg.), Das Radfahrbuch, Darmstadt/Neuwied 1985

Rother, Amalie, Das Damenfahren, in: Paul von Salvisberg(Hg.), Der Radfahrsport in Bild und Wort, München 1897

Paul von Salvisberg(Hg.), Der Radfahrsport in Bild und Wort, München 1897, Reprint: Hildesheim 1980

Hans-Joachim Schacht, Der Radfahrweg, Erfurt 1934

Hans-Joachim Schacht, Technische Richtlinien für den Radwegebau, 1936, Heft 1 der Schriftenreihe der Reichsgemeinschaft für Radwegebau e.V.

Hans-Joachim Schacht, Das Radwandern, 1939, Heft 4 der Schriftenreihe der Reichsgemeinschaft für Radwegebau e.V., Berlin

Hans Scharwerker, Das Fahrrad im Kriege, in: Bibliothek der Unterhaltung und des Wissens, Leipzig 1900, S. 110–124

Th. Schlayer(Hg.), Der Militär-Radfahrer in Wort und Bild, Stuttgart 1917

Herbert Schindler, Monografie des Plakats. München 1972

Käthe Schönberger, Reiterinnen und Radler, Berlin 1901

Schumacher, Das Recht des Radfahrers, in: Schiefferdecker, Das Radfahren und seine Hygiene, Stuttgart 1900, S. 477–538

Schweizerisches Sportmuseum Basel, Vom Karrenrad zum Sportrad, Beiträge zur Ausstellung vom 14.4. bis 12.10.1980

Otto Erich Seyfert, Die deutsche Fahrradindustrie, Diss. Leipzig 1912

Sewig

Alfred H.Sokoll, Fahrrad und Radsport, Deutschsprachige Bibliographie, München 1985

Schiefferdecker, Das Radfahren und seine Hygiene, 1900, Reprint: H.-E.Lessing (Hg.), Fahrradkultur 1, Reinbek 1982

Georg Steinmann, Das Velocipede, Leipzig 1870

August Stukenbrock, Illustrierter Hauptkatalog, Einbeck 1912, Reprint: Hildesheim 1979

August Stukenbrock, Illustrierter Hauptkatalog, Einbeck 1926, Reprint: Hildesheim 1979

Christina Thon, Zur Geschichte des französischen und belgischen Plakats, in: Das frühe Plakat in Europa und den USA. Bd. 2: Frankreich und Belgien. Berlin 1977, S. XI ff

Uwe Timm, Der Mann auf dem Hochrad, Köln 1984

Das Truppenfahrrad vom 26.5.42, Berlin 1942

Fritz Voigt, Verkehr, II/2, Berlin 1965

Wanderer 1912, Katalog der Wanderer Werke in Schoenau bei Chemnitz i.Sa.

Wanderer 1913, Katalog der Wanderer Werke in Schoenau bei Chemnitz i.Sa.

Wanderer 1914, Katalog der Wanderer Werke in Schoenau bei Chemnitz i.Sa.

Stuart Wilson, Bicycle Technology as the Instrument of Change, in: Tekniska Museet Symposia. Transport Technology and Social Change. Symposium No. 2, 1979. Stockholm 1980, S. 165 ff

Willy Widmann, Vom Radeln. Gereimtes und Ungereimtes übers Fahrrad und Radfahren, Stuttgart 1898

Wilhelm Wolf, Fahrrad und Radfahrer, Leipzig 1890, Reprint: Dortmund 1979

Helmuth Wolff, Die Fahrrad-Wirtschaft, Halle 1939

Zentralstelle für Radfahrwege(Hg.), Der Radfahrweg im Rahmen der Straßenplanung, Berlin 1931

Zeitungen, Zeitschriften, Schriftenreihen:

AAZ, Allgemeine Automobilzeitung

Draisena, Erstes ältestes Sportblatt der radfahrenden Damen, Augsburg/Dresden

Das Fahrrad, Organ des Deutschen Tourenclubs A.R.U., München 1899

Illustrirte Zeitung, Leipzig, 1860-1896

Radfahr-Chronik, München 1892

Der Radfahrer, Leipzig 1887, 1890, 1897

Die Radlerin, Berlin

Radfahr-Humor, München 1888

Radmarkt, Bielefeld 1887, 1954–1986

Rad-Welt, Berlin 1910

Sport im Bild, Berlin

Sport-Album der Radwelt, herausg. von Fredy Budzinski, Berlin 1905

Das Velociped, Berlin/Leipzig 1882

Bildnachweise

MVT
Museum für Verkehr und Technik, Berlin:
8, 10, 12l., 14m., 14u., 15u., 16, 17, 18o., 19u., 20o., 22, 24, 26o.l., 26u., 28o.r., 33u., 35u., 36o., 38o., 42, 43, 44u., 45o., 46, 47, 48, 49, 50, 51, 52, 53, 54, 55, 56o., 56u., 58o.,58u.,59u., 60, 61, 65, 67, 68o., 69o., 70u.,71o., 73u., 74u., 75o., 76r., 78o., 78u., 80, 82, 85, 86, 87, 88, 89, 90, 91, 93, 95, 96, 98, 102, 103m., 103u., 104, 105, 106, 107, 108, 109u., 113, 115, 117, 151.

Bildarchiv Preußischer Kulturbesitz, Berlin:
11o.l., 11u., 23u., 25u.r., 28o.l., 30, 33o., 34u., 35o., 36m., 36u., 40, 41, 44o., 45u., 56m., 57, 58m., 59o., 76l., 77u., 81, 83, 94o.r., 100, 101, 103o.

Archiv der Continental Gummi-Werke AG, Hannover:
12r., 13, 25o., 26o.r., 28u.l., 29, 70o., 71u., 72o., 72u.l., 74o., 75u., 77o., 78m., 84.

Landesbildstelle Berlin:
20u., 27, 28u.r., 68u., 69u., 72u.r., 73o., 73m., 110.

Ullstein Bilderdienst, Berlin:
19o., 27, 38.

Fotomuseum im Münchner Stadtmuseum:
34m., 79.

Deutsches Museum München:
109o.

Autopress Neckarsulm:
11o.r., 79.

K. Budzinski, München:
31, 32.

H. D. Ewald, Berlin:
14o., 15o., 20.

J. Franke, Hildesheim:
18u., 25l.

H. Lindner, Berlin:
94m., 94u., 97, 99.